BIG

통계로 풀어가는 빅데이터

DATA

BIG
통계로 풀어가는 빅데이터
DATA

발 행 일   2016년 9월 1일 초판 1쇄 발행
          2017년 2월 10일 초판 2쇄 발행
지 은 이   박성현, 오진호, 권순선
발 행 인   권기수
발 행 처   한국표준협회미디어
출판등록   2004년 12월 23일(제2009-26호)
주   소   서울시 금천구 가산디지털1로 145, 에이스하이엔드 3차 11층
전   화   02-2624-0387
팩   스   02-2624-0369
홈페이지   www.ksam.co.kr

ISBN 979-11-6010-000-6 93310

값 15,000원

BIG
통계로 풀어가는 빅데이터
박성현, 오진호, 권순선 지음
DATA

한국표준협회미디어

머리말

    우리는 실로 빅데이터(big data) 시대에 살고 있다. 엄청난 양의 데이터를 누가 얼마나 잘 분석하고 활용할 수 있는가가 조직이나 국가의 경쟁력을 좌우한다. 지금까지는 데이터를 가장 많이 수집하는 자가 세상을 다스리는 시대였다면, 앞으로는 통계를 사용하여 데이터를 가장 빨리 분석하고 활용하는 자가 세상을 지배할 것이다.

    2016년 다보스 세계경제포럼(WEF)의 주제는 제4차 산업혁명이었다. 4차 산업혁명은 컴퓨터와 정보통신기술(ICT)이 발전하고 데이터의 홍수 시대가 도래하면서 빅데이터, 사물인터넷(IoT), 인공지능, 로봇, 드론, 자율주행 자동차, 스마트 공장 등 새로운 기술이 사회를 바꾸고 있는 혁명적인 변화이다.

    제4차 산업혁명의 핵심은 데이터 기반 기술이며 빅데이터가 그 중심에 있다. 빅데이터의 본질을 이해하려면 통계와 데이터 기술을 먼저 이해하여야 한다. 이 책은 빅데이터에 관심 있는 사람이라면 누구나 빅데이터에 친숙해질 수 있도록 기초적인 통계와 데이터 기술을 이해하기 쉽게 구성하였다.

또한 통계의 힘으로 빅데이터에서 유용한 정보를 만들고 미래를 예측하는 기술에 대하여 여러 가지 사례를 들어 설명하고 있다. 빅데이터 시대에는 통계에 대한 기초 지식이 읽고 쓰기만큼이나 중요하다. 빅데이터 시대에 남보다 한 발 앞서가기 위한 전략은, 바로 통계적 사고로 무장하는 것이다.

이 책은 모두 7장으로 구성되어 있다. 1장에서는 통계에서부터 시작하는 빅데 이터의 본질과 기초를 설명한다. 2장에서는 우리나라의 산업화 과정을 통해 현재를 조명하고 미래를 향한 우리 산업의 도전을 조명해 본다. 3장에서는 국가 통계의 핵심을 이루는 인구통계와 사회변화와 관련한 재미 있는 현상들을 설명하고 있으며 4장에서는 우리의 생활을 지배하는 빅데 이터에 대하여 알아보고 빅데이터로 파악하는 주요 이슈 등을 다루고 있다. 5장에서는 삶의 질 향상을 위한 통계의 역할을 조명하고 6장에서는 국민건강보험 자료와 빅데이터 분석, 의료 한류 그리고 보험 산업 및 스마트 헬스 등에 활용되는 빅데이터의 역할에 대하여 알아본다. 7장에서는 데이터 기반 지식 사회에서 국민에게 기초 소양이 되는 통계적 사고와 컴퓨팅 사고, 그리고 디자인 사고에 대하여 구체적인 예를 들어 살펴보고 있다.

이 책은 지금까지 제대로 설명되지 않았던 통계와 데이터 기술 측면에서 살펴보는 빅데이터의 모든 것에 관한 안내서이다. 일반 국민과 기업의 입장에서 빅데이터의 다양한 얼굴과 그 효용성을 이해할 수 있는 안목을 제공하기 위한 노력이 집약되었다. 빅데이터 시대에 데이터를 분석하는 전문 인력을 데이터 사이언티스트(data scientist)라고 부르며 그 수요가 급증하고 있다. 독자들도 이 책을 읽고 빅데이터의 이해에 있어 초보 데이터 사이언티스트로 한 걸음 내딛기를 희망한다.

2016년 8월
박 성 현

차 례

5장 100세 시대, 빅데이터로 대비한다

6장 다양한 산업 트렌드를 이끄는 빅데이터

7장 빅데이터적인 사고가 세상을 바꾼다

1장

빅데이터,
통계에서부터 시작한다

오늘날 통계학은 우리 생활에 매우 깊숙이 파고들어 있다. 개인이나 조직이 통계를 올바르게 이해하지 못한다면 정보를 제대로 추출할 수도 없고 의사결정을 내리기도 어렵다. 즉, 통계는 우리 생활의 일부이며 길잡이라고 말할 수 있다. 이 장에서는 먼저 빅데이터가 무엇인지 알아보고, 통계학(statistics)이란 학문이 어떻게 시작되었는지 그 역사를 간단히 살펴보기로 한다.

통계로 풀어가는
빅데이터

우리는 빅데이터 시대에 살고 있다

빅데이터란 무엇인가

2012년 다보스 세계경제포럼에서는 '2013년 가장 주목해야 할 과학기술'로 '빅데이터 처리기술'을 꼽았다. 또한 유엔미래보고서에서는 '2030년 10대 메가트렌드'의 하나로 '진정한 빅데이터 시대의 도래'를 예상했다. 삼성경제연구소(2012)는 "빅데이터가 고객만족경영, 품질경영, 생산성 등 기업경영의 패러다임을 바꾸어 가고 있다"라고 지적하기도 했다. 그렇다면 빅데이터란 무엇인가?

세계적인 컨설팅 회사인 맥킨지앤드컴퍼니는 '빅데이터는 일반적인 데이터베이스 소프트웨어를 통해 저장·관리·분석할 수 있는 범위를 초과하는 큰 규모의 데이터'라고 말했다. IT 조사전문회사인 미국의 IDC(International Data Corporation)는 '빅데이터는 다양한 종류

(구조적·비구조적 데이터 포함)의 대규모 데이터로부터 저렴한 비용으로 가치를 추출하고 데이터의 초고속 수집·발굴·분석을 지원하도록 고안된 차세대 기술 및 아키텍처'라고 정의했다. 이를 기반으로 빅데이터를 정의해 보면 좁은 의미에서는 '기존 데이터베이스의 데이터 수집·저장·관리·분석의 역량을 넘어서 구조적·비구조적 데이터를 포함하는 대용량의 데이터 집합'을 말한다. 넓은 의미의 빅데이터는 좁은 의미의 빅데이터로부터 의사결정에 필요한 정보를 추출하고 결과를 분석하기 위해 필요한 인력과 조직을 관리·분석하는 기술을 말한다. 여기서 구조적(structured) 데이터란 정해진 서식에 따라 구조화되어 관리되는 정형 데이터이다. 비구조적(unstructured) 데이터란 인터넷, 카톡, 페이스북 등에서 주고받는 SNS(Social Network Service) 데이터, CCTV 데이터, 유튜브 등에 올라가 있는 동영상, 음악, 사진 등의 다양한 비정형 데이터를 말한다.

우리 주위에서 생성되는 데이터는 얼마나 많은가

맥킨지글로벌연구소의 보고에 의하면 매달 300억 개의 콘텐츠가 페이스북에서 생성되고 1분마다 24시간 분량의 동영상이 유튜브에 올라오며, 매월 1억만 개 이상의 정보가 트위터에서 트윗되고 시간당 100만 개 이상의 거래정보가 월마트에서 축적된다고 한다. 이외에도 우리 주변에는 엄청난 양의 CCTV 정보, 실시간 센서 정보 등이 생성되고 있다. IDC의 조사에 의하면 세계적으로 생성되는 연간 데이터량의 총합이 2010년 1.2ZB, 2011년 1.8ZB, 2012년 2.8ZB로 매년 급증하고 있다고 한다. 여기서 ZB

는 zettabyte의 약자로 〈표 1.1〉과 같이 1ZB는 10^{21} 바이트, 즉 1조 GB에 해당한다. 1ZB는 1GB 용량의 USB가 1조 개 모여야 만들어지는 용량이다. 1ZB 정보량의 크기는 세계 최대 도서관인 미국의회도서관(장서: 1억 4,200만 권) 정보 총량의 4백만 배에 해당한다고 한다. 2003년까지 생산된 모든 정보의 양이 0.005ZB에 불과하다는 점을 감안하면 지금 우리가 살고 있는 시대는 빅데이터의 양산 시대라고 해도 무방하다.

표 1.1 데이터의 용량 및 크기

용량	바이트 크기
1 바이트(byte)	8 비트(bit)
1 킬로 바이트(KB: kilobyte)	10^3 바이츠(bytes)
1 메가 바이트(MB: megabyte)	10^6 바이츠(10^3 KB)
1 기가 바이트(GB: gigabyte)	10^9 바이츠(10^3 MB)
1 테라 바이트(TB: terabyte)	10^{12} 바이츠(10^3 GB)
1 페타 바이트(PB: petabyte)	10^{15} 바이츠(10^6 GB)
1 엑사 바이트(EB: exabyte)	10^{18} 바이츠(10^9 GB)
1 제타 바이트(ZB: zettabyte)	10^{21} 바이츠(10^{12} GB)

빅데이터의 역할

과거 산업혁명에서는 석탄과 철이 주요한 역할을 했지만 컴퓨터의 등장으로 정보혁명이 시작되었다. 최근에는 다양한 경로로 취합된 빅데이터에서 숨은 정보와 새로운 지식을 발굴하여 혁신을 도모하려는 노력이 확산되면서 빅데이터가 차세대 지식혁명을 이끌 주역으로 부상하고 있다. 미국의 〈뉴욕 타임스〉는 2011년 5월 13일자 기사에서 빅데이터를 분석·가공하여 새로운 비즈니스 기회를 발굴하고 소비자 행동과 시장 변동을 예측함으로써 기업의 획기적인 혁신을 가져올 것이라고 진단했다.

예를 들어보자. 2008년 네덜란드에서 창업한 '스파크드(Sparked)'는 소에 센서를 부착해 소에 대한 정보를 실시간으로 수집했다. 이렇게 축적한 연간 약 200MB의 정보는 축산업자가 소에 대한 움직임, 건강 등을 수시로 확인 가능하게 해주며, 기후 변화 등 외부 빅데이터와 결합해 소의 사육 방식을 정밀화하여 더 많은 소를 건강하게 키울 수 있도록 지원했다. 이런 시스템 덕분에 스파크드는 소 한 마리당 세계 최고 수준의 우유 생산량을 기록할 수 있었다.

또한 빅데이터는 필요한 정보를 신속·정확하게 수집해 사회적 문제해결에 큰 역할을 하고 있다. 2005년 런던 지하철 폭탄 테러 사건의 용의자 검거의 일등공신은 CCTV였다. 용의자들의 모습이 찍힌 버스와 지하철 내 CCTV의 빅데이터 분석을 통하여 결정적 단서를 잡았다. 영국 경찰청의 빅데이터 분석 실력을 증명하고 있는 것이다. 이처럼 빅데이터 분석은 사회의 중요한 문제를 해결하기 위해, 과거에 하기 어려웠던 새로운 단서를 제공할 수 있게 되었다.

새로운 차원의 고객만족경영을 위한 빅데이터

기존의 고객만족경영은 고객만족조사, 설문조사, 시장조사 등을 통해 고객의 요구사항을 피드백하거나 애프터서비스(A/S)를 통해 고객 불만사항을 해결해 주는 소극적 차원의 품질경영이 대부분이었다. 이런 경영으로는 기존 고객에 대한 서비스는 가능하나 잠재고객의 개발이나 잠재적 불만 사항을 해결하기 어렵다. 새로운 차원의 고객만족경영은 빅데이터를 활용하여 잠재고객이나 잠재적 불만사항을 미리 예측해 이를 해소함으로써 기존 고객을 충성 고객으로 바꾸고 더 나아가 신규 고객을 창출하기도 한다.

한 신용카드 회사의 고객맞춤형 홍보 전략 사례를 살펴보자. 3개월 전 아이를 출산한 김 씨는 평소에 받아 보지 못했던 상품 소개 전단지를 받았다. 지금까지 받았던 광고 전단지에는 의류부터 식료품까지 전 품목이 나와 있었지만 이번 전단지에는 김 씨가 마음에 두고 있던 유아용품으로만 채워져 있었다. 김 씨는 평소 눈여겨보던 브랜드의 할인 쿠폰을 전단지에서 오려 두었다가, 백화점에서 15% 저렴하게 구입했다.

김 씨의 마음을 움직인 전단지는 L 카드사의 '빅데이터 분석'의 결과이다. 실제로 L 카드는 고객 5만 3천여 명의 씀씀이를 분석해 김 씨처럼 실제 아이 엄마를 찾는 데 공을 들였다. 나이가 25~37세이면서 임부복이나 튼살 크림 등을 구매한 고객 가운데 산부인과나 산후조리원 결제 실적이 있는 회원을 구분해낸 것이다.

L 카드의 이러한 노력은 프로모션을 통해 물품을 구입하는 마케팅 반응률이 최대 20% 이상 상승하는 결과를 만들어냈다.

이처럼 신용카드 회사들이 빅데이터 분석을 고객의 소비 패턴을 읽는 '독심술'로 평가하면서 빅데이터 분석에 팔을 걷어붙이고 있다. 고객의 요구를 선제적으로 파악해 적절한 서비스를 제공할 수 있다면 매출 증가는 자연스럽게 따라올 것이다.

야구선수의 성적은 빅데이터에 의해 예측 가능한가

김현수 선수 예상 성적

미국 메이저리그에서 2016년부터 뛰게 된 김현수 선수와 박병호 선수의 성적은 어느 정도될까? 야구팬들의 초미의 관심사가 아닐 수 없다. 야구 예측 시스템인 'ZiPS(SZymborski Projection System)'를 만든 통계 전문가 짐보스키는 2015년 12월 20일 자신의 SNS에 김현수(볼티모어 오리올스)와 박병호(미네소타 트윈스)의 2016년 시즌 예상 성적을 올렸다. ZiPS는 짐보스키가 2003년 개발한 프로그램으로, 미국에서도 가장 신뢰성 있는 야구 예측 시스템으로 명성이 높다. 짐보스키는 김현수가 2016 시즌에 타율 0.269, 출루율 0.336, 장타율 0.428, 홈런 20개, 타점 64점, 삼진 84개를 기록할 것이라고 예상했다. 이 숫자는 예상치인 만큼 선수의 컨디션이나 경기출장 수에 따라 차이가 많이 날 수도 있다.

김현수 선수의 성적, 어떻게 예측하였을까

짐보스키의 예측은 어느 정도 믿을 수 있을까? ZiPS 프로그램의 기본 원리는 과거 같은 연령대에 비슷한 성적을 냈던 선수의 기록을 참고해 예상 기록을 산출하는 방식이다. 박병호의 경우에는 한국 프로야구 리그를 미국의 '마이너리그 더블A' 수준으로 보고, 미국에 비해 타고투저(打高投低)인 섬도 감안해 보정하였다. 이런 환경 설정으로 인하여 지금까지의 한국 선수들은 이 시스템에서 대개 박한 평가를 받았다. 강정호(피츠버그

파이어리츠)의 경우 2015 시즌 ZiPS의 예측은 타율 0.230이었으나 실제로는 0.287을 기록하였다. 김현수 선수는 한국프로야구에서 통산기록으로 타율 0.318, 출루율 0.406을 기록했고 볼넷·삼진의 비율이 1.19로 매우 높다. 이는 삼진의 수가 상대적으로 적다는 얘기다. 볼티모어 오리올스의 단장인 댄 듀켓은 2016년 1월 3일 볼티모어 선(The Baltimore Sun)지와의 인터뷰에서 "김현수는 국제대회를 통해 엘리트 타자임을 보여준 선수인 만큼, 팀 출루율을 끌어올릴 수 있는 선수"라고 호평했다.

ZiPS의 예측 방법은 통계학에서 다루는 단순회귀분석(simple regression analysis)을 활용하는 것으로, 유사한 환경에 있는 선수들의 데이터베이스로부터 빅데이터 분석을 통하여 예측하는 것이다. 예를 들어 메이저리그와 비교하여 한국 프로야구리그 선수들의 성적이 70% 수준이라면 기울기 (b)를 0.70으로, 보통 야구선수들의 보정계수(단순회귀방정식의 절편) a를 0.046으로 보고 단순회귀방정식을 만들어 추정하는 것이다.

$$Y(\text{메이저리그 성적 예측치}) = a + b \times X(\text{한국리그 성적을 나타내는 변수 값})$$
$$= 0.046 + 0.70 \times (\text{한국리그 성적})$$

김현수의 타율이라면 다음과 같이 추정할 수 있다.

$$Y \text{ 예측치} = 0.046 + 0.70 \times (0.318) = 0.269$$

스몰 데이터 분석의 사례

이와 같은 데이터 분석은 사실상 빅데이터 분석이라고 보기보다는 스몰 데이터(small data) 분석에 해당한다. 일반적으로 빅데이터에는 비정형 데이터가 존재하나 여기에서는 그렇지 않았고 분석 대상인 선수들이 수천 명 정도로 데이터의 양도 크지 않았다. 이처럼 우리 주위에는 스몰 데이터 분석을 통해서 유용한 정보를 얻는 경우가 많다. 간단한 통계적 상식으로 스몰 데이터 분석을 시도해 보는 것은 우리 생활에 데이터 기술을 활용하는 첩경이 되고 빅데이터를 이해하는 데도 도움이 될 것이다.

서울 양재동의 P식당 주인은 식당 매출을 올리는 방법으로 메뉴판 데이터 분석을 시도했다. 음식 위치를 바꾸어 보고 글자 크기를 다르게 하여 여러 종류의 메뉴판을 만들어서 일정 기간 인기를 끈 음식 메뉴를 기록하고 분석했다. 이에 따르면 메뉴판은 포털 검색창과 비슷해서 가장 높은 위치에 있는 메뉴가 선호도가 높고 중간에 있더라도 글자 크기가 큰 것이 인기가 있었다. 이를 통해 식당 매출을 올릴 수 있는 최상의 메뉴판을 만들었다고 한다.

이 사례와 같이 스몰 데이터는 엑셀 파일 등 간단한 솔루션만으로도 원하는 결과를 얻을 수 있다. 빅데이터의 어려운 분석법을 사용하지 않아도 충분하다. 이처럼 우리 주위에는 간단한 통계 분석만으로도 좋은 정보를 얻을 수 있는 경우가 무수히 존재한다.

통계학의 진화 과정

인구조사는 통계학의 뿌리

우리나라에서 5년마다 전국적으로 실시하는 인구총조사(census, 센서스 혹은 국세조사라고도 함)는 오늘날 통계학의 뿌리라고 볼 수 있다. 고대

국가들은 나라를 유지하기 위하여 인구가 얼마인지, 군대에 동원될 수 있는 장정은 몇 명인지, 세금은 얼마나 걷을 수 있는지 등을 알아야 했고 이를 위해 인구조사를 실시했다.

문헌에 의하면 이집트에서는 기원전 3050년에 피라미드 건축을 위한 인구조사를 실시했고, 중국에서는 기원전 2300년에 인구조사와 토지조사를 같이 실시했다는 기록이 있다. 비교적 상세한 기록은 구약성서의 출애굽기에서 찾을 수 있다. 기원전 1440년경에 모세가 시나이 광야에서 이스라엘 12지파 백성의 인구조사를 실시해 전쟁에 나갈 수 있는 20세 이상 남자의 수가 603,550명이었다고 기록했다. 이처럼 인구조사는 국가 운영을 위한 기본 자료를 제공한다.

태동기의 통계학

통계학(statistics)이란 단어가 처음 등장한 것은 1797년에 발행된 영국의 대백과사전인 「브리태니커 백과사전(Encyclopaedia Britannica)」에서였다.

statistics는 라틴어의 status(국가)가 어원이며 국가(state)의 운영과 정치를 위해 필요한 모든 자료를 체계적으로 다루는 정치 산술(political arithmetic)의 의미로 시작된 학문이다. 독일에서는 이보다 전인 17세기 말 국상학(國狀學, staatenkunde)이 탄생해 한 나라의 정치에 필요한 국가의 조직, 조세, 군사 등과 같은 자료를 취급하는 학문을 발전시켰다. 이는 오늘날 통계학의 기초가 되었다.

현대 통계학의 발전

독일과 영국에서 통계학의 개념이 싹튼 18~19세기에 프랑스와 이탈리아에서는 확률론이 발전하기 시작했다. 드 무아브르(De Moivre)는 정규 분포를 제안하고, 라플라스(Laplace)와 가우스(Gauss)는 이를 실생활에 적용해 확률분포의 발전에 크게 기여했다. 그 후 관찰에 의한 통계적 결과를 발표한 다윈(Darwin), 멘델(Mendel), 갈톤(Galton)은 현대 통계학의 기초를 쌓았다. 20세기에 접어들면서 영국을 중심으로 칼 피어슨(Karl Pearson), 로널드 피셔(Ronald Fisher) 등에 의해 표본(sample)의 개념과 확률분포의 개념이 결합해 현대 통계학이 출현하게 되었다. 오늘날의 통계학은 사회, 자연, 인간 생활에서 나타나는 온갖 현상의 연구를 목적으로 불확실성(uncertainty)이 내포된 표본 데이터의 선택·관찰·분석·추정 및 검정을 통해 의사결정이 필요한 모집단의 정보 획득을 연구하는 학문으로 정의된다. 여기서 모집단(population)이란 관심 대상 전체를 말하는 것으로 표본은 모집단의 일부이다.

사회 발전에 기여하는 통계학의 막강한 파워

통계학은 각 학문 분야의 계량적 분석에 기여하고 있다. 경제학에서 계량적 분석을 연구하는 분야를 계량경제학(econometrics = economy + metrics)이라고 부르는데, 여기서 'Metrics'는 측정데이터에 의한 통계적 분석을 의미한다. 또한 사회학에서의 통계분석은 계량사회학(sociometrics = sociology + metrics)이라고 부르고 심리학에서의 통계분석은 계량심리학(psychometrics = psychology + metrics)이라고 부른다. 이런 방법으로 모든 학문에 통계학이 접목되어 각 분야의 발전에 기여하고 있다.

통계학은 인구조사(census)를 통해 국가 운영을 위한 기초 데이터를 제공해 주며 여론조사(opinion survey), 시장조사(market survey) 등을 통해 국민의 마음을 읽는 역할을 한다. 21세기 지식기반 정보화 사회에서 통계학은 통계 패키지 활용, 빅데이터 분석 등을 통하여 정보를 창출하고 전달하는 중요한 역할을 담당한다. 이뿐만 아니라 통계학은 기업 데이터 분석을 통한 품질 및 생산성 향상에 기여하고 스포츠 선수들에 관한 자료 분석과 컴퓨터 시뮬레이션을 통해 스포츠 과학(sports science)의 발전에도 이바지하고 있다. 최근에는 인류의 건강과 복지 증진을 위한 국민보건, 환경보존, 신약개발, 질병퇴치 등에도 큰 역할을 한다. 그리고 국가를 위한 경제모델 개발, 인구모델 개발, 금융 및 보험상품 개발, 교육 개혁 등에도 중요한 역할을 하는 등 통계학은 실로 무궁무진한 활용 영역을 자랑하고 있다.

데이터 기술의 출현

데이터 기술(DT)이란

데이터 기술(DT: Data Technology)이란 데이터의 측정·수집·축적에서부터 데이터의 전송, 분석 및 해석 능력, 정보·지식 창출 기술, 통계적 모형화 기술, 미래 예측 기술 등 통계 기반의 과학적 기술을 말한다. 데이터 기술은 데이터의 취급, 소프트웨어의 구축, 모형화 및 미래 예측 기술을 주로 다루기 때문에 그 진행과 결과가 눈에 잘 띄지 않아 간과하기 쉽다.

그러나 지식 정보화 사회에서 정보 창출을 위한 데이터 기술의 활용은 필수적 요소이다. 우리나라는 OECD 국가 중에서 데이터 기술 분야가 낙후되어 있으며 조만간 보완되지 않으면 국가경쟁력에 큰 타격을 줄 것이다. 데이터 기술이란 용어는 처음으로 박성현[1], [2] 교수에 의하여 언급되었으며 통계학 응용으로의 발전 방향은 'Data Technology as a new discipline for broader application of statistics'[3]와 '데이터 기술; 지식창조를 위한 새로운 융합과학기술'[4]에서 찾아볼 수 있다.

정부에서 발표한 각종 과학기술 계획에 의하면 우리나라가 향후 발전시켜야 할 첨단과학기술 분야로 IT(정보기술), BT(생명공학), NT(나노기술), ST(항공우주기술), ET(환경기술), CT(문화기술)의 소위 '6T'를 들고 있다. 최근에는 이들 간의 융합기술(IT+BT, IT+ET 등)의 발전을 많이 언급하고 있다. 또한 정보화 사회에서 과학기술의 선진화, 국가경쟁력 제고, 전 국민 과학화 등을 위하여 반드시 포함시켜야 할 분야로 DT(데이터 기술)의 중요성이 부각되고 있다. 앞으로는 '6T'에 DT를 추가한 '7T'가 첨단 과학기술로 언급되어야 할 것이다.

---

1) 박성현(2001), "데이터 기술의 경제학", 한국경제신문 다산칼럼, 2001년 12월 3일.
2) 박성현(2001), "지식기반 사회에서의 통계학 패러다임의 변화와 데이터 기술의 발전", 경영정보논총, 서울대학교 경영대학, 제11권, p. 53-59, 2001년 12월.
3) Sung H. Park and Moon W. Suh(2008), "Data Technology as a new discipline for broader application of statistics", Journal of Data Science, Vol. 6, No. 3, p. 357-368, July Issue, Columbia University, New York.
4) 박성현(2010), "데이터 기술; 지식창조를 위한 새로운 융합과학기술", 한국품질경영학회지, Vol. 38, No. 3, p. 294-304, 한국품질경영학회, 2010년 9월호.

DT 발전의 효과

지식 기반 정보화 사회는 데이터 홍수의 시대라고 할 수 있다. 이러한 데이터로부터 필요한 정보를 순발력 있고 정확하게 추출할 수 있는 능력은 중요하며, 데이터 모델링을 통해 미래 현상을 예측하는 것은 경제 발전과 사회 발전에 중요한 역할을 한다.

(1) 국가 경제지표의 과학적 관리 운영

DT의 적절한 활용은 국가경제를 다루는 경제지표가 과학적으로 관리되지 않을 때 발생하는 국가적 손실을 예방할 수 있다. 우리나라는 1997년 외환위기 당시 외환보유고를 포함한 각종 경제지표의 변화를 소홀히 생각하는 바람에 스스로 위기를 자초했다.

외환보유고와 관련 있는 데이터의 수집·정리 및 분석을 통해 외환보유고에 대한 예측 모델을 만들어 변화를 예측할 수 있었다면 IMF 위기를 사전에 대비할 수 있었을 것이다.

(2) 품질과 생산성의 최적화

산업에서는 많은 최적화 문제가 따른다. 품질 최적화, 생산성 최적화 등은 필수적인 요소이며 품질과 생산성은 모두 많은 변수들의 지배를 받는다. 영향을 주는 변수들의 최적조건을 찾아서 운영하는 것은 산업 경쟁력을 위하여 필요하다. 제품 품질은 생산 과정에서의 많은 운전변수들 (operating variables)의 영향을 받는다. 운전변수들의 최적조건을 찾아주는 것은 품질 고급화의 선결과제이다. 여기에서 데이터 기술이 최적 운전 변수들의 조건을 찾는 데 유용하게 사용될 수 있다.

(3) 품질비용의 최소화

불량품 발생 등으로 인한 품질비용(quality cost)이 매출액의 20~30% 수준에 이른다고 한다. 품질비용 중 예방비용, 평가비용, 내부 실패비용, 외부 실패비용이 각각 어느 정도인지 객관적으로 평가한 후 필요한 데이터의 수집·분석·평가·예측을 통해 품질비용을 최소화하는 방안을 강구한다면 품질비용을 매출액 대비 10% 수준으로 낮출 수 있다.

그러나 대부분의 기업들은 아직도 품질비용을 제대로 계산하지 못하고 있다. 데이터 기술의 적절한 활용은 적자 기업을 흑자 기업으로 바꾸는 중요한 처방이 될 수 있다.

(4) 의료산업, 질병관리 등을 위한 예측 모델의 개발과 활용

의료산업이나 질병관리 측면에서도 데이터 기술을 유용하게 사용할 수 있다. 예를 들어, 당뇨병은 당뇨병의 원인이 되는 여러 가지 변수들(개인 생활 습관, 음식섭취 습관, 유전적 특성, 체질적 특이성, 운동량 등)에 영향을 받는다.

이런 원인변수들을 반영한 예측모델을 각종 통계적 방법론(회귀분석, 데이터 마이닝, 자료 분석기법 등)을 이용해 개발할 수 있다면 개인의 건강을 위한 맞춤의학을 실현할 수 있을 것이다.

(5) 경영정보의 선진화에 기여

회사에서 고객 관련 데이터를 순발력 있게 처리하여 고객만족을 도모할 수 있다면 이 회사는 선진기업이라고 말할 수 있다. 고객관계경영(CRM), 공급사슬관리(SCM), 통계적 공정관리(SPC), 전사적 자원관리(ERP), 데이터베이스 관리 시스템(DBMS) 등은 기업 경영에 사용되는 DT라고 볼 수 있다. 이처럼 DT의 적절한 활용은 기업의 선진화를 촉진할 수 있다.

IT와 다른 DT의 본질

2002년 월드컵에서 한국이 4강에 들어갈 수 있었던 것은 히딩크와 그의 협력자들이 DT를 잘 활용한 결과라고 볼 수 있다. 데이터를 이용해 선수들의

표 1.2 IT와 DT의 차이점

분류	IT(정보기술)	DT(데이터 기술)
관련된 주학문	컴퓨터공학, 전기전자공학, 통신공학, 제어계측공학, 정보공학 등	응용수학, 통계학, 계산과학, 산업공학, 정보과학, 경영학, 전산과학 등
주요 제품	통신장비, 전자장비, 반도체, 가전제품, 휴대폰 등의 하드웨어	암호시스템, 생산관리시스템, 통계패키지, DBMS, SPC, SCM, CRM 패키지, 데이터 마이닝 패키지, ERP 패키지(SAP-R3, Oracle) 등의 소프트웨어
주요 특징	• 주로 눈에 보이는 제품 • 정보(글, 그림, 소리 등)를 전달하는 공학적 기술이나 제품	• 주로 눈에 안 보이는 제품 • 다량의 데이터로부터 현상을 파악하고 층별하여 효율성을 극대화하며, 미래를 예측하는 과학적 기술
우리나라 수준	상	중·하

강점과 약점을 과학적으로 분석하고 이를 체계적인 훈련 프로그램에 적용해 선수들의 기량을 향상시킨 것이 주효했다. 혹자는 DT(데이터 기술)가 IT (정보기술)의 일부이며 IT의 발전이 DT의 발전으로 이어질 것이라고 말하고 있으나 이는 잘못된 견해다. IT와 DT의 차이점을 요약해 보면 〈표 1.2〉와 같다.

DT를 다루는 학문 중 응용수학 분야는 암호수학, 금융수학 등과 관련이 있 다. 통계학은 표본설계, 실험계획, 여론조사, 통계적 공정관리, 시계열분석, 데이터 마이닝(data mining) 등과 관계가 있고 계산과학은 수치해석, 시뮬레 이션 기법, 최적화 기법 등과 관련되어 있다. 전산과학이나 정보과학에서는 소프트웨어 공학, 뉴럴 네트워크(neural network) 등이 연관되어 있으며 산업 공학과 경영학에서는 품질경영, 고객관계경영, 전사적 자원관리, 시스템공학 적인 접근방법 등과 접점을 가지고 있다. DT의 발전은 국가 소프트웨어의 발전과 고부가가치 IT 산업의 발전에 심대한 영향을 준다. IT와 DT의 정보 흐름의 차이를 보면 〈그림 1.1〉과 같다.

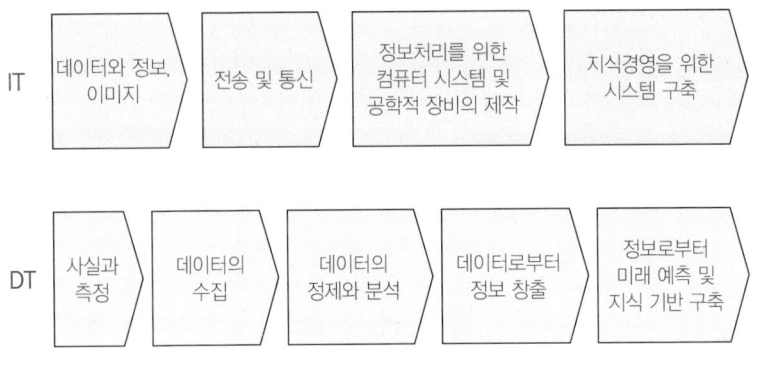

그림 1.1 IT와 DT의 정보 흐름도

DT는 주로 자료의 수집, 통계 수리적 분석에 의한 정보의 창출, 수리적 모델링에 의한 미래 예측, 지식 기반 구축 등이 정보의 주요 흐름이다. 그러나 IT에서는 데이터, 정보, 이미지 등의 공학적 전송이나 통신이 주요 관심사이며 이를 위한 컴퓨터 시스템 구축, 장비 제작 등이 다음 단계의 활동이다. 궁극적으로 기업에서는 지식경영을 위한 시스템 구축을 목적으로 하고 있다.

우리나라의 주력 수출제품을 보면 반도체·조선·자동차·휴대폰 등 눈에 보이는 제품이 대부분이다. 눈에 보이지 않는 제품들은 국제경쟁력이 미약하다. 예를 들어 통계분석용 소프트웨어는 SAS, SPSS, Minitab 등 미국 제품이 국내 시장을 석권하고 있으며 이로 인한 외화 유출은 엄청나다.

심지어 반도체, 조선 등에 사용되는 공정관리용 소프트웨어도 외국 제품이다. 우리나라에 수없이 많이 들어와 있는 외국 컨설팅 회사들이 주로 하는 일은 DT와 관련된 경영자문이다. 이제 우리도 DT에 눈을 떠서 고부가가치 산업에 투자할 때이다. DT의 발전은 21세기 7대 지식강국을 목표로 하는 우리나라에 매우 중요한 국가 선진화의 핵심 요소가 될 것이다.

DT는 지식 창출의 원동력

21세기 지식사회에서는 창의적 지식 창출이 국가경쟁력의 원천이라고 말한다. 지식의 창출 과정을 살펴보면 〈그림 1.2〉와 같은 피라미드 그림[5]을 얻을 수 있다. 먼저 우리 주위의 사실(현상)을 정확히 파악하기 위해서 사실을 측정하는 계량화된 데이터가 필요하다. 이 단계는 관리형(management)

DT라고 볼 수 있다. 다음은 데이터의 분석 및 해석을 통하여 정보를 얻는 집행형(execution) DT 단계이다. 그리고 나서 이 정보들을 여러 가지 형태로 가공해 필요한 지식을 얻게 되는 가치창출형(valuation) DT의 단계를 거친다. 이러한 지식 창출 과정은 DT의 도움 없이 불가능하다. 현재 우리는 정보사회에서 지식사회로 변화하고 있으며 먼 훗날에는 지혜사회에 이를 것으로 예상하고 있다.

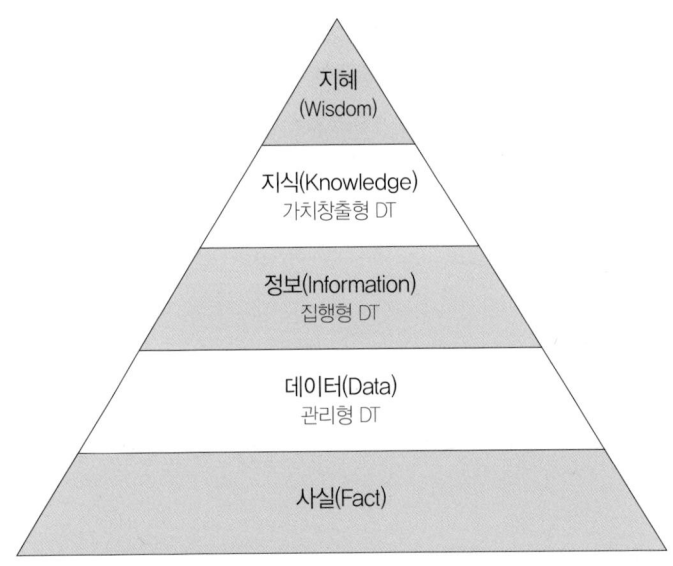

그림 1.2 지식의 창출 과정 피라미드와 DT의 흐름

---

5) 박성현(2003), "Visions of Data Technology and e-statistics with their roles in industry and government", 경영정보논총, 서울대학교 경영대학, 13권 1호, p. 59-68, 2003년 8월호.

DT는 품질경영 혁신전략의 요소

품질경영 혁신전략으로 사용되는 전사적 품질경영(TQM), 식스 시그마 등은 개선활동에서 정의(Define), 측정(Measure), 분석(Analyze) 등의 단계를 거친다. 이러한 단계는 DT의 단계와 맥을 같이 한다. DT도 품질 경영 혁신전략으로 사용될 수 있으며 품질경쟁력을 높이는 중요한 도구가 될 수 있다.

DT의 활용 사이클은 DMAMPV(Define, Measure, Analyze, Model, Predict, Verify)로 볼 수 있다. 이 사이클은 식스 시그마에서 다루는 DMAIC(Define, Measure, Analyze, Improve, Control)와 유사하나, DT는 모델 구축과 미래 예측을 강조한다. 각 단계의 자세한 활동 내용은 다음과 같다.

(1) Define(정의) 단계

- DT와 관련된 프로젝트 선정(배경 및 당위성 설명)
- 프로젝트 정의(목표와 범위 등 설정)
- 프로젝트 승인(실행계획을 수립하고 상급 책임자로부터 승인을 받음)

(2) Measure(측정) 단계

- DT와 관련된 Y들의 확인(프로젝트의 결과변수에 대한 구체적 지표 선정)
- 잠재 원인변수(X)들의 발굴과 우선순위화
- X와 Y들에 대한 측정과 측정시스템 분석

(3) Analyze(분석) 단계

- 데이터 분석[몇 개의 중요 X(Vital Few)를 확인하기 위한 통계적 분석]

– Y에 영향을 주는 중요 X의 선정(분석 결과 검토 및 개선 우선순위화)
– 기타 중요한 정보의 추출

(4) Model(모형화) 단계

– Y와 X 간의 함수관계를 설명하는 모형의 선정
– 통계적 함수추정으로 모형화
– 모형의 통계적 적합성 검토

(5) Predict(예측) 단계

– 주어진 모형으로부터 임의의 X의 값에서 Y에 관한 예측 실시
– 예측값의 통계적 적절성 검토
– 예측값의 활용

(6) Verify(검증) 단계

– 적정한 Y값을 유지하기 위한 X값들에 대한 관리
– 모형의 적절성 검토
– 관리계획 수립과 문서화

데이터 기술의 적용 사례

(1) 단계1: Define(정의)

모 정유공장에서 프로젝트팀 활동으로 실시했던 품질개선 사례를 살펴본다. 이 공장에서는 케로신 스위트닝(kerosene sweetening) 공정 제품인 U-1700 SW-kerosene의 색상품질을 향상시키는 연구를 실시했다. 먼저 원인규명을 위하여 관련 기술자, 연구원이 모여 브레인스토밍을 실시한 결과, 색상품질을 나타내는 Y에 스위트닝 공정의 반응기 출구의 색상을 나타내는 세이볼트 값(saybolt number)을 사용하기로 했다. Y에 영향을 주는

X로 10여 개의 변수에 대해 토론했다. 그 결과, 과거 기술적인 측면이나 외국 문헌에 의한 원인변수로 〈그림 1.3〉과 같이 스위트닝 공정으로 들어가는 피드(feed) 조건 4가지, 반응기 운전조건 2가지를 선택했다.

결과변수: Y = 반응기 출구에서 샘플링된 제품을 측정하여 얻어지는 색상값은 세이볼트 값으로 얻어지며, 망대특성(크면 클수록 좋음)임

원인변수: 피드 조건 및 반응기 운전조건
        X1 = Mecaptan 함량(wt, ppm)
        X2 = 공기주입량
        X3 = 피드 온도(℃)
        X4 = 종류점(℃)
        X5 = 촉매활성제 주입량(wt, ppm)
        X6 = 처리 원유 중 I/H 함량(vol, %)

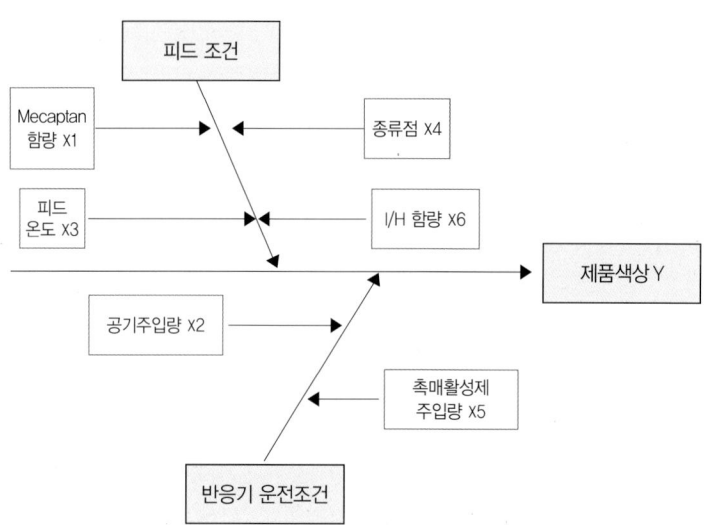

그림 1.3 제품 색상의 특성요인도

(2) 단계2: Measure(측정)

이들 결과변수와 원인변수들 간의 관계를 파악하기 위해 지난 6개월 간의 관련 데이터를 조사해 보니 〈표 1.3〉과 같았다. 이들 변수들에 대한 Gage R&R 측정 시스템 분석은 이미 실시되었으며 믿을 수 있다고 판단해 이번 팀 연구에서는 실시하지 않았다.

표 1.3 제품 색상 관련 원 데이터

데이터 번호	X1	X2	X3	X4	X5	X6	Y
1	111.6	130	46	247	62	100.0	21
2	91.5	135	50	251	70	94.2	23
3	90.8	135	50	245	70	94.1	20
4	82.8	145	46	248	80	22.0	19
5	78.6	145	46	255	80	22.0	22
.	.	.	.	.	.	.	.
.	.	.	.	.	.	.	.
980	83.8	144	47	249	82	34.7	22

(3) 단계3: Analyze(분석)

〈표 1.3〉의 데이터를 바탕으로 각 변수에 대한 평균과 표준편차를 계산해 보니 〈표 1.4〉와 같았다. 평균에 비하여 상당히 큰 표준편차를 가지고 있는 변수는 X6이었고, 그 다음은 X5, X1, Y, X2, X3, X4의 순서이다.

변수들 간에 상관관계를 규명해야만 원인변수가 결과변수에 어떠한 영향을 주는지 알 수 있다. 상관분석을 실시히여 상관계수를 모두 구해 보니 〈표 1.5〉와 같았다. 상관계수의 값은 −1과 +1 사이에 존재하며 −1에 가까우면

음의 상관관계가, +1에 가까우면 양의 상관관계가 존재하는 것이다.

표 1.4 각 변수의 평균과 표준편차

변수	평균	표준편차	변동계수(%)
X1	117.29	22.81	19.4
X2	128.27	16.31	12.7
X3	49.33	5.08	10.3
X4	264.00	8.81	3.3
X5	50.96	15.61	30.6
X6	23.05	34.13	148.1
Y	21.89	3.17	14.5

〈표 1.5〉의 결과로부터 제품 색상(Y)과 상관관계가 높은 원인변수는 공기 주입량(X2), 처리 원유 중 I/H 함량(X6), 촉매활성제 주입량(X5) 등임을 알 수 있다. 원인변수들 간에도 상관관계가 높은 짝들이 존재한다. 예를 들면, X1과 X4, X4와 X5, X1과 X3, X1과 X5, X3와 X4, X3와 X5 등이다.

표 1.5 변수들 간의 상관계수를 나타내는 상관행렬

	X1	X2	X3	X4	X5	X6	Y
X1	1.0	−0.175	0.532	0.632	−0.553	0.154	−0.075
X2	−0.175	1.0	−0.077	−0.343	0.251	0.393	−0.748
X3	0.532	−0.077	1.0	0.553	−0.562	0.166	−0.188
X4	0.632	−0.343	0.553	1.0	−0.763	−0.340	0.171
X5	−0.553	0.251	−0.562	−0.763	1.0	0.285	−0.264
X6	0.154	0.393	0.166	−0.340	0.285	1.0	−0.360
Y	−0.075	−0.748	−0.188	0.171	−0.264	−0.360	1.0

(4) 단계4 : Model(모형화)

제품 색상(Y)과 원인변수들과의 함수관계를 모형화(modeling)시켜 보기 위해 단계별 회귀분석(stepwise regression)을 실시해 보니 〈표 1.6〉과 같은 결과를 얻었다. 이러한 회귀방정식은 모든 통계 패키지에서 가능하다. 이 표는 각 단계별로 Y의 변화를 가장 잘 설명해 주는 원인변수들의 부분집합으로 구성된 중회귀모형(multiple regression model)을 보여주고 있다.

표 1.6 단계별 회귀분석의 결과

단계	입력변수(원인변수)	추정된 회귀방정식	결정계수(R^2)
1	X2	Y-hat = 40.538 − 0.145 X2	0.560
2	X2, X3	Y-hat = 48.697 − 0.149 X2 − 0.156 X3	0.620
3	X2, X3, X5	Y-hat = 55.952 − 0.136 X2 − 0.269 X3 − 0.066 X5	0.680
4	X2, X3, X5, X1	Y-hat = 58.682 − 0.139 X2 − 0.218 X3 − 0.084 X5 − 0.339 X1	0.725
5	X2, X3, X5, X1, X6	Y-hat = 65.046 − 0.153 X2 − 0.265 X3 − 0.111 X5 − 0.045 X1 − 0.021 X6	0.755

이 결과에서 X4는 의미 없는 변수로 판명되었다. 실무적으로 볼 때 X1과 X6은 임의조절이 매우 어려운 변수이다. 단계별 회귀분석 결과에서 보면 단계3에서의 모형이 결정계수 0.680으로 상당히 좋은 추정방식이므로 Y를 설명하는 최적 모형으로 단계3의 결과방정식을 채택했다.

(5) 단계5: Predict(예측)

〈표 1.5〉에서 결과변수 Y의 원인변수로 선정된 X2, X3, X5가 어떤 상관

관계를 가지는지 살펴보니 모두 음의 상관관계(negative correlation)가 나타났다. 이들 원인변수가 실제로 취할 수 있는 값의 범위는 다음과 같았다.

$$110 \leq X2 \leq 170$$
$$40 \leq X3 \leq 60$$
$$36 \leq X5 \leq 80$$

　　따라서 최적 회귀방정식에서 판단할 때 각 변수들의 회귀계수가 모두 음이므로, 이 변수들이 최소값을 취할 때 망대특성인 Y가 최대가 된다. X2 = 110, X3 = 40, X5 = 36을 취할 때 Y값을 예측해 보면 다음과 같다.

　　Y의 예측치 = 55.952 − 0.136(110) − 0.269(40) − 0.066(36) = 27.9

이 정도의 값이면 색상의 세이볼트 값으로 매우 만족스러운 값이다. 따라서 다음과 같이 피드 조건과 반응기 조건을 변경하기로 했다.

　　X1(Medaptan 함량) = 현재 수준 사용(약 117wt, ppm)

　　X2(공기주입량) = 현재의 128 수준에서 110으로 낮춤

　　X3(피드 온도) = 현재의 49℃ 수준에서 40℃로 낮춤

　　X4(종류점) = 현재 수준 사용(약 264℃)

　　X5(촉매활성제 주입량) = 현재의 51(wt, ppm) 수준에서 36으로 낮춤

　　X6(처리 원유 중 I/H 함량) = 현재 수준 사용(약 23vol, %)

(6) 단계 6: Verify(검증)

앞에서 얻은 표준화 조건에서 색상이 만족스러운 값을 얻을 수 있다. 그러므로 허용차에 대한 분석을 통해 최적 운전조건을 다음과 같이 정하고 이를 표준으로 삼아 문서화하기로 했다.

X1(Medaptan 함량) = 117 ± 3wt, ppm

X2(공기주입량) = 110 ± 2

X3(피드 온도) = 40 ± 2℃

X4(종류점) = 264 ± 5℃

X5(촉매활성제 주입량) = 36 ± 3wt, ppm

X6(처리 원유 중 I/H 함량) = 23 ± 1vol, %

통계학과 IT의 밀월 시대: 데이터 마이닝과 텍스트 마이닝

컴퓨터의 탄생

1946년 펜실베이니아대학교 전기공학실험실에서 최초의 컴퓨터 ENIAC (Electronic Numerical Integrator and Computer: 전자식 수치 적분 계산기)이 탄생했다. 이 컴퓨터는 17,000여 개의 진공관으로 구성된 폭 26미터, 높이 2.5미터, 무게 30톤의 거대한 컴퓨터였다. 이 공룡 컴퓨터는 대포를 쏘면 탄환이 어떤 궤도를 그릴 것인가를 계산하기 위해 만들어졌다고 한다.

그 후 컴퓨터의 크기가 작아지고 발전을 거듭하면서 책상에 놓고 쓰는 데스크톱(desktop) 형태로 발전했고 뒤이어 휴대용 컴퓨터인 노트북(notebook)이 등장하기에 이르렀다. 최근에는 스마트폰(smart phone)이라는 100g도 안 되는 휴대용 전화기와 노트북이 결합된 형태로 발전했다. 지난 70년간 컴퓨터의 발전은 인류 문명에서 찾아보기 힘든 최고의 진화라고 볼 수 있다.

컴퓨터와 통계학의 밀월시대

통계학은 다량의 데이터를 다루거나 많은 양의 계산이 필요하다. 컴퓨터는 엄청난 양의 데이터 처리 능력과 계산 능력을 보여주며 통계적 방법에서 필요한 계산을 해주고 있다. 즉, 컴퓨터의 등장은 통계적 방법의 발전을 가져오고 있으며 통계적 방법의 발전이 컴퓨터의 효용성을 높여주고 있다.

예를 들면, 통계학에서 사용되는 중회귀분석(multiple regression analysis)에서는 독립변수가 몇 개만 넘어가도 컴퓨터의 도움 없이 회귀방정식을 구할 엄두를 내지 못했다. 그러나 지금은 수십 개의 독립변수가 들어있는 방정식도 수월하게 컴퓨터로 계산해 낼 수 있게 되었다. 이로 인하여 통계 처리하는 통계 패키지(SAS, SPSS, R 등)들이 활발하게 사용되고 있는 것이다.

정보기술(IT)의 발전

정보기술(IT: Information Technology)은 컴퓨터, 소프트웨어, 멀티미디어, 스마트폰 등 정보화 수단에 필요한 유형 또는 무형 기술을 아우르는 간접적인 가치창출 기술이다. 업무용 데이터, 음성 대화, 사진, 동영상 등은 물론 아직 출현하지 않은 형태의 매체까지 포함하며 정보를 개발·저장·교환하는 데 필요한 모든 형태의 기술까지도 망라한다. 정보통신기술

(ICT: Information and Communication Technology)이라고도 칭하는 정보기술은 오늘날의 정보혁명을 주도하고 있다. 정보기술에서 가장 중요한 핵심은 모든 종류의 데이터를 처리할 수 있는 것으로, 데이터 처리를 연구하는 통계학은 정보기술 시대의 총아라고 볼 수 있다. 바야흐로 21세기 지식정보화 사회에는 통계학과 IT의 밀월시대가 도래한 것이다.

금맥을 캐는 데이터 마이닝

빅데이터 분석 기술로 주목받고 있는 것들은 다음과 같다. 이러한 기술들은 향후 더욱 발전될 것이며 통계학이 IT와 합쳐지면서 영향력이 폭발적으로 확대될 것이다.

(1) 데이터 마이닝(data mining): 대규모로 저장된 데이터 안에서 체계적이고 자동적으로 통계적 규칙이나 패턴을 찾아내 분석해서 필요한 정보를 얻고 다양한 자료로 활용하는 기술

(2) 텍스트 마이닝(text mining): 비구조적 텍스트 데이터에서 자연 언어 처리 기술에 기반하여 유용한 정보를 추출, 가공하는 것을 목적으로 하는 분석

(3) 오피니언 마이닝(opinion mining): 소셜 미디어 등 비구조적 텍스트의 긍정, 부정, 중립의 선호도를 판별하는 분석

(4) 소셜 네트워크 분석(SNA: Social Network Analysis): 소셜 네트워크 연결구조 및 연결강도 등을 바탕으로 사용자의 명성 및 영향력을 측정하는 분석

(5) 군집분석(cluster analysis): 통계적으로 유사한 특성을 가진 개체를 합쳐 최종적으로 유사한 특성의 군집을 찾아내는 분석

(6) 동적 그래픽스(dynamic graphics): 이차원 평면에서 데이터의 다차원 구조를 이해할 수 있는 동적인 그림을 그리는 기법

(7) 데이터 시각화(data visualization): 이차원 평면에서 데이터가 갖는 각종의 정보를 눈으로 볼 수 있도록 하는 기법

데이터 마이닝은 빅데이터 시대가 도래하면서 그 역할이 증대되고 있으며 빅데이터에서 일정한 패턴을 찾아내면 매우 유익한 정보를 만들 수 있다. 데이터 마이닝으로 성공한 대표적 기업은 미국의 전자상거래 업체인 아마존(Amazon)과 동영상 스트리밍 사이트를 운영하는 넷플릭스(Netflix)가 있다. 아마존은 고객이 검색하고 구입한 책의 목록을 통해 고객의 취향과 관심 영역을 데이터 마이닝으로 파악해 놓았다가 고객이 관심을 갖고 있는 분야의 책이 나올 때마다 잊지 않고 꼬박꼬박 알려주는 방식으로 대기업의 초석을 닦았다. 넷플릭스도 회원이 전에 보았던 영화를 바탕으로 좋아할 만한 영화를 추천하는 '시네매치(cinematch)' 서비스를 개발해 개인화 마케팅을 진행하고 있다.

기업은 SNS를 데이터 마이닝의 주요 대상으로 삼고 있다. 이는 SNS가 개인의 성향을 노출하는 유력한 통로이기 때문인데 이를 잘 보여주는 게 소셜 네트워크 분석(SNA)이다.

SNA는 트위터, 페이스북 등 SNS에서 수집되는 정보를 분석해 소비자의 마음을 읽는 기법으로 기업의 마케팅은 물론 위기관리 수단으로도 활용되고 있다.

빅데이터의 핵심인 텍스트 마이닝

텍스트 마이닝은 비정형 텍스트 데이터에서 가치와 의미가 있는 정보를 찾아내는 방법이다. 예를 들면, 인터넷 등에 올라온 글에서 특정 주제와 관련된 것을 뽑아 의미를 분석하고 필요한 정보를 추출하는 기법을 들 수 있다. 데이터 마이닝이 구조화·정형화된 데이터베이스에서 관심 있는 패턴을 찾아내는 기술 분야라면, 텍스트 마이닝은 구조화되지 않은 텍스트에서 의미를 찾아내는 기술 분야이다.

텍스트 마이닝에서 가장 기본적인 분석법은 글자의 빈도수를 체크하는 'n gram' 분석법이다. 이는 전체 텍스트를 n개씩 쪼개서 빈도수를 세는 방법이다. 예를 들어 〈표 1.7〉과 같은 텍스트 문장에서 '3 gram' 분석을 한다면 전체 텍스트를 3글자 단위로 쪼개서 빈도수를 체크할 수 있다.

표 1.7 텍스트 마이닝에서의 '3 gram' 분석법 예제

예문	통계의 힘으로 빅데이터에서 유용한 정보를 만들고 미래를 예측하는 것이 데이터 기술이며 이것이 데이터 기술과 통계의 매력						

추출 구문	빈도 수	추출 구문	빈도 수	추출 구문	빈도 수	추출 구문	빈도 수
통계의	2	서O유	1	미래를	1	이터O	2
계의O	2	유용한	1	래를O	1	터O기	2
의O힘	1	용한O	1	를O예	1	O기술	2
힘으로	1	한O정	1	O예측	1	기술이	1
으로O	1	O정보	1	예측하	1	술이며	1
로O빅	1	정보를	1	측하는	1	이며O	1
O빅데	1	보를O	1	하는O	1	며O이	1
빅데이	1	를O만	1	는O것	1	O이것	1
데이터	3	O만들	1	O것이	1	이것이	1
이터에	1	만들고	1	것이O	2	기술과	1
터에서	1	들고O	1	이O데	2	술과O	1
에서O	1	고O미	1	O데이	1	과O통	1

〈표 1.7〉에서 보면 '데이터'가 3회로 가장 많고 2회인 것이 다수 있다. 이렇게 '2 gram', '4 gram' 등으로 분석하면 어떤 단어가 가장 많이 나타나는지를 금방 구할 수 있다. 이런 방법은 텍스트 마이닝에서 자주 사용되며 비정형 데이터를 다수 포함한 빅데이터 분석에 유용하다.

빅데이터 시대 코딩 교육의 열풍

코딩 교육은 왜 중요한가

우리가 살아가는 현 시대를 포함해서 가까운 미래는 정보기술(IT)과 아주 밀접하게 연결되어 있다. IT가 차지하는 비중이 커질수록 소프트웨어 산업과 이를 구성하는 기본 언어인 코딩(coding) 역시 그 중요성이 높아지고 있다. 코딩을 미래의 언어라고 부르기도 하는데 빅데이터 시대에 코딩 교육은 기초 소양교육이라고 볼 수 있다. 많은 IT 선진국에서는 코딩 교육의 중요성을 인지해 이미 국가 차원에서 시행하고 있고 우리나라를 포함한 세계 각국의 교육계에서 코딩 교육 열풍이 불고 있다. IT가 사회에서 차지하는 비중이 점점 커지고 있기 때문에 많은 국가에서 코딩 교육에 큰 관심을 쏟고 있는 것이다.

실제 IT 선진국에서는 교육과정 개편을 통해 코딩 교육을 필수 과목으로 지정하였다. 많은 전문가들은 코딩 교육을 받으면 창의력·사고력·논리력을 키울 수 있다고 강조하였다. 애플의 창업자 스티브 잡스 역시 "코딩은 생각하는 방법을 가르치는 만큼 모든 국민이 꼭 배워야 한다"고 말하기도 했다.

코딩 교육이 이와 같은 효과를 내는 이유는 무엇일까? 우리가 특정 문제를 해결하기 위해서는 복합적이고 논리적인 사고 능력이 필요하다. 컴퓨터 프로그래밍을 통해 게임을 만들거나 캐릭터를 움직이는 과정도 마찬가지이다. 특정 문제해결에 필요한 사고 능력과 논리력을 수반한 과정이기 때문에 이와 관련된 능력의 향상에 도움을 줄 수 있다.

하지만 일반인이 컴퓨터 프로그래밍에 접근한다는 것은 쉽지 않다. 따라서 최근에는 복잡한 알고리즘을 외우지 않고도 재미있는 놀이처럼 배울 수 있는 코딩 프로그램이 개발되고 있다. 쉽게 코딩을 배우며 체계적인 사고 능력과 문제해결 능력을 향상시킬 수 있는 환경이 조성된 것이다.

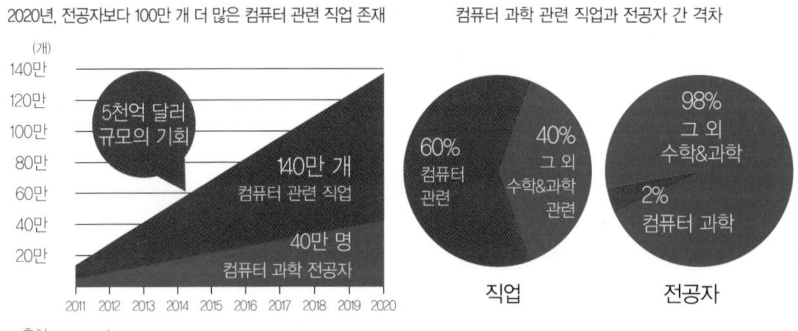

그림 1.4 컴퓨터 관련 직업 전망

미국의 소프트웨어 교육 지원 비영리단체인 'code.org'에서 발표한 자료를 보면 컴퓨터 관련 직업에 대한 전망을 알 수 있다(〈그림 1.4〉 참조). 이 보고서는 2020년에는 컴퓨터와 관련된 직업이 컴퓨터 과학을 전공하는 학생 수보다 훨씬 많아질 것이라고 예측하고 있다. 즉, 컴퓨터를 전공하지 않은 학생이라도 컴퓨터 관련 직업을 가질 가능성이 높아지는 것이다. 이러한 예측에 따라 세계 각국에서는 코딩 교육을 정규화하기 위해 노력하고 있다.

선진국의 코딩 교육

미국에서는 코딩 교육의 중요성을 알리기 위해서 'code.org'가 설립되었다. 이는 페이스북(Facebook) 창립자인 마크 엘리엇 주커버그(Mark Elliot Zuckerberg)와 마이크로소프트(Microsoft)의 빌게이츠(Bill Gates) 등 IT 관련 업종에 종사하고 있는 전문가들이 주축이 되어 조직한 비영리단체이다. 'code.org'에서는 앵그리버드와 같이 친근한 게임을 이용해 코딩을 쉽게 배울 수 있는 서비스를 제공한다. 또한, 일주일에 한 시간 코딩 공부를 독려하는 'Hour of Code'라는 캠페인을 진행하고 있다.

이러한 비영리단체의 캠페인 외에도 다양한 프로그램들이 진행되고 있는데, IT 미디어랩 라이프롱 킨더가튼(Lifelong Kindergarten) 그룹의 프로젝트인 스크래치가 대표적인 예이다. 스크래치는 초등학생을 대상으로 동작·제어·형태·소리·연산·변수 등의 8개 그룹에 있는 백여 개의 블록을 조합해 게임과 애니메이션을 만들 수 있는 코딩 프로그램이다. 블록을 조합하면서 쉽고 재미있게 사고력과 문제해결 능력을 키울 수 있다.

영국 정부에서는 2014년을 '코드의 해(The Year of Code)'로 지정했다. 2012년 설립된 코드클럽(Code Club)이라는 비영리단체에서는 9~11세 아이들에게 방과 후 코딩 교육 프로그램을 진행하고 있다. 코드클럽의 공동 설립자인 클레어 서트클리프(Clare Sutcliffe)는 "코딩 교육은 코딩 방법뿐만 아니라 다른 사람들과 팀워크를 하는 방법, 문제해결 방법을 배울 수 있기 때문에 그 유용성은 더욱 높아질 것이다. 또한, 아이들은 코딩 교육을 통해 자신이 원하는 것을 스스로 만들 수 있는 창조적 도구와 노하우를 익힐 수 있다"고 말했다. 이는 코딩 교육의 중요성과 앞으로의 가치를 말해주고 있다.

핀란드에서는 슈퍼셀이라는 게임 회사가 앵그리버드의 아성에 도전하는 클래시 오브 클랜과 헤이데이라는 게임을 만들었다. 핀란드의 코딩 교육에 대한 열풍이 없었더라면 이러한 결과를 만들어 낼 수 없었을 것이다. 최근 핀란드에서는 코디콜루(코딩학교)를 운영하여 주목받고 있다. 코디콜루는 ICT 서비스 업체인 레악토의 엔지니어가 자신의 딸에게 소프트웨어 언어를 재미있게 가르쳐준 것이 이슈가 되어 학교로 발전하게 되었다. 4~8세 아이들에게 무료 교육 서비스를 제공하는 코디콜루는 2014년 10월 기준 200개가 넘는 코딩학교로 발전하였다.

우리나라의 코딩 교육

최근 우리나라의 코딩 교육은 중·고등학교 기초 과목만큼이나 중요해지고 있다. 2015년 중학교에 입학한 학생들은 소프트웨어를 의무교육으로 배우게 됐다. 초등학생과 고등학생의 경우, 2017년과 2018년부터 의무적으로 소프트웨어 교육을 받을 예정이다. 주입식 교육에 대한 문제가 사회적으로 높은 관심을 갖는 지금, 단순한 알고리즘 암기가 아닌 컴퓨팅적 사고(computational thinking) 교육이 학생들의 논리와 창의적 사고를 높일 수 있지 않을까 하는 기대감이 코딩 과목 도입을 촉진시키고 있다.

네이버가 개발한 소프트웨어 '야 놀자'는 방과후 학교에서 진행할 수 있도록 개발된 소프트웨어 교육 프로그램이다. 교육부와 협력해 4개 초등학교 80명의 학생을 대상으로 수업이 진행되고 있다. 초등학생 3~6학년을 대상으로 스스로 구성한 이야기를 움직이는 화면으로 만들거나 사물에 소프트웨어가 사용되는 원리를 학습할 수 있는 수업들이 준비되어 있다. 또한, 웹 서비스 개발 그룹 웹동네는 웹 개발자를 대상으로 온라인 참여형 스터디를 독려하는 '소셜 스터디'와 소프트웨어 교육을 운영 중이다. 웹동네에서 미션을 제공하면, 참가자들은 답변을 서로 공유하고 도우며 포인트를 쌓을 수도 있다.

앞에서 소개한 국내외 사례를 통해 '코딩 열풍'이 얼마나 뜨거운지 느낄 수 있었다. 특히, 어린 학생들이 쉽고 재미있게 배울 수 있는 코딩 프로그램과 플랫폼이 등장하고 있다는 점이 인상적이다.

국민의 마음을 읽는 여론조사

통계조사란

오늘날에는 인터넷, 핸드폰, 카톡, 페이스북 등 소셜 네트워크 서비스(SNS: Social Network Service)의 급속한 발달로 우리 사회의 변화를 한눈에 파악할 수 있게 되었다. 이러한 변화의 흐름을 좌우하는 것은 인간의 생각이며 사회 구성원들이 무슨 생각을 하고 있는지를 빠르게 파악하는 것이 국가를 바르게 경영하기 위해 필요하다. 그러면 인간의 생각은 측정 가능한가? 개개인의 생각을 직접 측정할 수는 없지만 통계조사(statistical survey)를 통해 통계적으로 읽는 것이 가능하다. 통계조사 중에서 대표적인 것으로 국가의 사회적, 경제적 현상을 측정하는 사회통계조사, 즉 사회조사(social survey)가 있다. 여기에는 기업이 시장에서의 제품의 선호도, 취약점, 판매 가능성 등을 알아보기 위하여 실시하는 시장조사(market survey)와 사회적·정치적 이슈에 대하여 국민의 마음을 조사하는 여론조사(poll)가 있다.

조사 방법으로는 관심 대상자 전체(모집단이라고 부름)를 조사하는 전수조사와, 대상자 중에서 일부를 표본으로 추출해 조사하는 표본조사(sampling survey)가 있다. 인구총조사는 전수조사이고, 이외에 거의 모든 통계조사는 표본조사이다.

국가 자긍심 여론조사

2015년 조선일보가 미디어리서치에 '국가 자긍심 조사'를 의뢰했다. 성인 800명에 대해 전화로 실시한 이 조사에서 〈그림 1.5〉와 같이 73.5%가 '한국 국민임을 자랑스럽게 생각한다'라고 답했고 '한국이 대부분의 다른 나라보다 더 좋은 나라'라는 의견에 과반수인 54.0%가 동의한 것으로 나타났다. '자랑스럽다'라는 응답은 연령별로 차이가 있어 60대 이상(90.0%)이 가장 높았고, 30대(57.7%)가 가장 낮았다. '다른 나라보다 더 좋은 나라'라는 의견에도 60대 이상(81.0%)이 가장 높았고, 30대(29.1%)가 가장 낮았다.

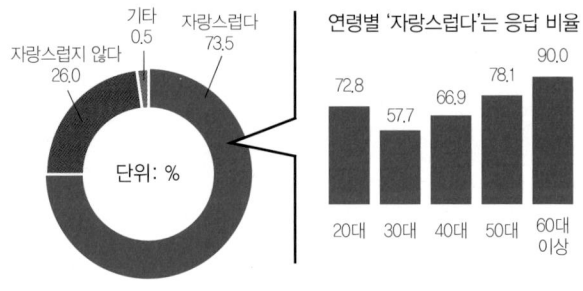

한국 국민임을 자랑스럽게 생각하나?

기타 0.5
자랑스럽다 73.5
자랑스럽지 않다 26.0
단위: %

연령별 '자랑스럽다'는 응답 비율

20대	30대	40대	50대	60대 이상
72.8	57.7	66.9	78.1	90.0

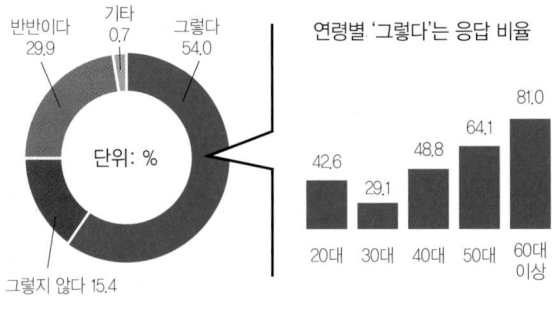

한국은 대부분의 다른 나라보다 좋은 나라인가?

반반이다 29.9
기타 0.7
그렇다 54.0
단위: %
그렇지 않다 15.4

연령별 '그렇다'는 응답 비율

20대	30대	40대	50대	60대 이상
42.6	29.1	48.8	64.1	81.0

＊출처: 조선일보(2015. 3. 6)

그림 1.5 국가 자긍심 여론조사

미국 시카고대학교 여론조사센터 등 47개국 연구기관의 연합체인 국제사회조사프로그램(ISSP)이 2003년 실시한 조사와 비교하면 '한국은 다른 나라보다 더 좋은 나라'란 응답이 12년간 10%p 상승한 고무적인 결과를 얻었다.

분야별 국가 자긍심 비율

분야별 국가 자긍심의 정도를 묻는 질문에 대해 우리 국민은 스포츠, 과학·기술, 역사, 문화·예술 등의 순서로 자긍심을 느끼는 것으로 나타났다. 민주

주의 작동방식과 사회보장제도에 대해서는 다른 분야보다는 낮은 편이나 2003년 국제사회조사프로그램의 조사에 비해 큰 폭으로 오른 것으로 나타났다. 특히 2003년에 비하여 과학·기술은 11.7%p의 높은 증가를 보이고 있다.

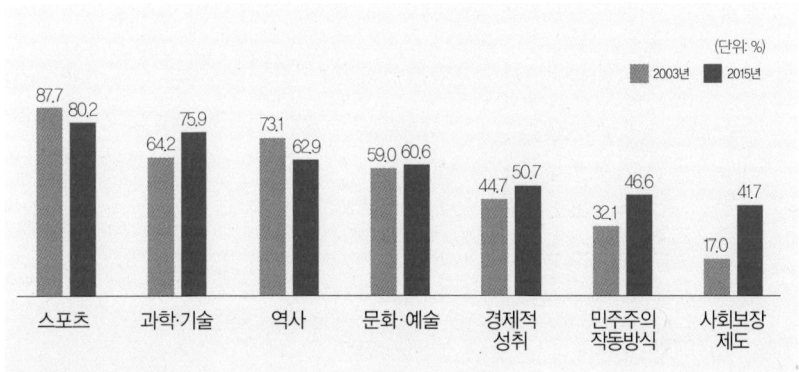

* 출처: ISSP(2003), 미디어리서치 조사(2015)

그림 1.6 분야별 국가 자긍심 평가

여론조사 결과의 오차는 어느 정도인가

〈그림 1.5〉에서 '한국 국민임을 자랑스럽게 생각한다'라고 답한 73.5%의 결과는 어느 정도 믿을 수 있을까? 모든 국민을 정확하게 조사할 때에 나오는 비율과는 어느 정도 차이가 날까?

여론조사에서 우리가 모르는 실제 모집단의 비율 p를 추정해 발표하는 경우에 "95% 신뢰수준에서 최대허용 표본오차는 몇 %이다"와 같이 발표한다. 여기서 최대허용 표본오차(maximum tolerance sampling error)는 간단히 표본오차 혹은 오차한계(error limit)라고도 부른다. 이 의미는 구간[신뢰구간(confidence interval)이라고 부름]에 실제 비율 p가 존재할

가능성이 95%라는 것이다. 이런 가능성 95%를 신뢰수준이라고 부른다.

(표본에 의한 추정비율) ± (최대허용 표본오차)

통계학의 이론에 의하면 최대허용 표본오차는 표본의 크기를 n이라고 할 때 $\sqrt{n}$에 역비례하는 것이 증명되었다. 표본크기에 따른 최대허용 표본 오차는 〈표 1.8〉과 같다.

표 1.8 표본크기에 따른 최대허용 표본오차

표본의 크기 n	최대허용 표본오차(%)
100	9.8
300	5.7
500	4.4
800	3.5
1,000	3.1
1,500	2.5
2,000	2.2
4,000	1.5
8,000	1.1

따라서 국가 자긍심 여론조사에서는 표본의 크기 n = 800이므로, '한국 국민임을 자랑스럽게 생각한다'라고 답한 표본비율 73.5%는 95% 신뢰수준 하에서 최대허용 표본오차 3.5%가 되는 것이다. 즉, 73.5 ± 3.5 = 70.0~77.0%로, 온 국민을 조사할 때의 실제 비율이 70.0%에서 77.0% 사이에 있을 확률이 95%가 되는 것이다.

2장

광복 70년, 산업화의 발자취와 미래 산업

1945년, 광복 이후 한국전쟁을 겪으면서 우리나라는 매우 가난했다. 그러나 이런 여건 속에서도 '한강의 기적'을 통해 지금은 1인당 GDP 2만 달러 이상, 인구 5천만 명 이상인 나라들을 상징하는 '20-50 클럽'에 가입되어 있을 정도로 놀라운 발전을 했다. 이 클럽에 가입된 나라는 한국을 비롯하여 6개국(미국, 독일, 프랑스, 일본, 이탈리아, 영국)밖에 없다. 이러한 놀라운 발전을 이룩한 우리나라의 산업화와 품질관리의 발자취를 살펴보자.

광복 70년, 산업화 과정과 품질경영의 발자취

우리나라 산업화의 발자취

1962년 우리나라는 '제1차 경제개발 5개년 계획'을 시작했다. 처음에는 앨범·봉제·완구·가발 등의 잡화 위주였으나 이후 원자재를 수입하여 가공·조립·생산하는 경공업 수출품 위주의 '수출 드라이브' 정책을 추진했다. 1960년대 말에서 1970년대 초에 수출이 크게 증가하면서 '아시아의 네 마리 용(한국, 대만, 홍콩, 싱가포르)'으로 불릴 정도로 경제가 성장하기 시작했다. 1970년대 중반에 들어서면서 정부는 차관사업을 재원으로 하는 '중화학공업 육성' 정책을 펴기 시작했다. 이때 울산·구미·창원에 철강·선박·자동차·정유화학 등 대규모 공업단지가 조성되었다. 1980년대에는 '중화학공업 구조조정'을 겪으면서 반도체·가전 등의 '전자공업 육성' 정책이 진행되었고 1990년대 초에는 삼성전자에서 휴대폰 사업이 시작되었다.

그러나 초기의 전자산업은 기술력이 부족하여 1994년 삼성전자에서 '불량 휴대폰 화형식'을 하는 등 품질관리를 위한 조치가 취해지기도 했다.

1997년에는 매출 부진, 출혈 수출, 외환보유고 부족 등으로 인하여 IMF 외환위기가 발생했으나 정부와 국민들의 각고의 노력으로 극복할 수 있었다. 2000년대에 들어서도 우리나라는 조선·철강·반도체·석유제품·자동차·화장품 등에서 수출 호조를 이어가 2011년에는 처음으로 무역 1조 달러 시대를 열었다. 광복 66년 만에 우리나라는 무역 1조 달러를 달성한 아홉 번째 나라가 되었다. 기적과 같은 일이었다.

무역 1조 달러 달성은 2014년까지 이어지다 2015년에 미국발 금리인상, 중국 성장세 둔화, 저유가 상황 등의 영향으로 좌절되었다. 앞으로는 글로벌 경기 둔화를 어떻게 돌파해 나가느냐가 관건이 될 것이다.

우리나라 품질관리의 발자취

(1) 1950년대

1955년 국제협력기구(ICA: International Cooperation Administration)의 원조자금으로 충주비료공장을 설립할 당시, 작업에 참가했던 외국인 기술자들에 의해 품질관리 기법이 부분적으로 전파되었다. 1957년에 생산성본부가 발족되면서 생산성과 품질에 관한 개념이 전파되기 시작했다.

(2) 1960년대

1961년 공업표준화법(현, 산업표준화법)이 공포되고 1962년 한국규격협회(현, 한국표준협회)가 설립되었으며 공업표준심의회가 발족되면서 본격적인 품질관리 보급이 전개되기 시작했다. 1963년에는 한국공업표준규격(약칭 KS: Korean Industrial Standard)이 제정되고 KS표시제도가 도입되면서 제품 향상에 기여했다. 1965년에는 한국품질관리학회(현 한국품질경영학회)가 발족되어 품질관리 용어해설집, QC 교재 등을 발간하기 시작하면서 QC의 저변 확대에 기여했다.

(3) 1970년대

1973년 상공부(현 산업통상자원부) 외청으로 공업진흥청이 발족되면서 표준화와 품질관리 사업이 보다 적극적으로 추진되었다.

공업진흥청은 1975년을 '품질관리의 해'로 정하고 품질관리운동을 범산업적으로 전개했다. 또한 같은 해 '제1회 전국품질관리 서어클경진대회'가 개최된 이후 많은 기업체에서 QC서어클 제도를 도입하기 시작했다.

(4) 1980년대

1980년대 초에 전사적 품질관리(TQC: Total Quality Control)가 일본으로부터 도입되어 품질보증과 방침관리 개념이 확산되었다. 1987년에는 품질경영을 소개하는 ISO 9000 시리즈가 도입되어, 품질관리의 개념이 '경영조직 시스템 전체가 협력하여 표준화를 실행하며 전사적으로 종합적인 품질관리를 실시해야 한다'는 품질경영(QM: Quality Management)의 개념으로 전환되었다.

(5) 1990년대

1995년에는 국내에서 주로 중소기업을 대상으로 만들어진 100PPM 운동이 시작되면서 무결점(zero defect) 운동이 확산되었다. 1996년에 미국으로부터 식스 시그마가 소개되어 통계를 기반으로 하는 새로운 품질운동이 시작되었다. 1997년에는 ISO 14000이 소개되어 환경경영이 확산되기도 했다.

(6) 2000년대

21세기에 들어서면서 고객만족경영이 중요하게 자리 잡았고 2001년에는 제조물책임법이 공표되어 고객보호 차원의 품질경영이 강조되었다. 100PPM 운동이 Single PPM 운동으로 확대 발전되기도 했다.

전 세계가 지구촌화되면서 글로벌 품질경영(GQM: Global Quality Management) 운동이 일고 있다. GQM은 국내뿐 아니라 전 세계적인 품질경영 네트워크를 운영하는 것으로 신제품 개발을 통한 가치창조(value creation), 전 세계 공장을 통한 사회적 책임경영, IT 기반의 스마트 공장 운영 등이 주요한 골격을 이루고 있다.

광복 70년, 과학기술 70선

미래창조과학부는 2015년 6월 광복 70년을 맞아 1950년 이후 국가 경제발전을 견인한 과학기술 역할을 조명하기 위해 '과학기술 대표성과 70

선'을 선정했다. 대표성과선정위원회는 국가과학기술심의회 이장무 위원장을 필두로 한국과학기술한림원 박성현 원장, 한국과학창의재단 김승환 이사장 등 11명을 위원으로 구성하여 각계의 의견을 광범위하게 반영하여 신중하게 선정하였다.

연대별 주요 과학기술 70선과 시사점

한국전쟁이 있었던 1950년대는 정부의 별다른 지원 없이 개인 차원의 연구 성과가 나타나는 시기로 한글 기계화의 효시 '공병우 타자기', 산림부국의 꿈을 실천한 현신규 박사의 '산림녹화 임목육종' 등 5건이 선정되었다. 1960년대는 한국과학기술연구소(KIST, 1965년), 과학기술처(1967년) 등이 설립되면서 정부 주도로 초기 과학기술 진흥 정책이 추진된 시기로 '우장춘 박사의 배추품종', '나일론 생산기술', '화학비료 생산기술' 등 8건이 선정되었다.

1970년대는 의욕적인 근대 산업화 추진과 함께 국산차 최초 고유모델 '포니'와 '통일벼', 소립자 이론물리학 발전에 큰 획을 그은 이휘소 박사의 '게이지 이론의 재규격화' 등 9건이 선정되었다.

1980년대는 정부의 기술 드라이브 정책과 함께 민간기업의 개발 활동이 활발해지기 시작한 시기로 국산 전자식 전화교환기 'TDX-1', 이호왕 박사의 '한탄바이러스 백신', 우리나라를 반도체 강국으로 만든 'DRAM 메모리 반도체' 등 17건이 선정되었다.

1990년대는 대학과 정부출연연구소의 연구 활동이 왕성해진 시기로 '우리별 인공위성', '코드분할 다중접속(CDMA: Code Division Multiple

Access) 기술', '한국형 표준원전 설계기술' 등 10건이 선정되었다. 2000년대는 우리의 기술이 세계적인 경쟁을 시작한 시기로 글로벌 신약 '팩티브', 인간형 휴머노이드 '휴보', 초음속 고등훈련기 'T-50' 등 19건이 선정되었다. 마지막으로 2010년대는 아직 진행 중인 연대이지만 '나로호' 우주발사체 등 2건이 선정되었다. '과학기술 대표성과 70선' 중 앞에서 언급된 주요 성과를 연대별로 그려 보면 〈그림 2.1〉과 같다.

과학기술의 미래 비전

제1차 경제개발 5개년 계획이 시작된 1962년부터 우리 사회는 반세기 동안 엄청난 변화를 겪었다.

영국이 산업혁명 이후 250여 년 동안 겪은 발전과정을 우리나라는 50여 년 동안 압축해서 겪은 것이다. 국민 1인당 총소득이 1962년 87달러에서 2014년 28,180달러로 300배 이상 증가하는 '한강의 기적'을 이룬 것이다. 그 주된 요인이 바로 과학기술의 발전이다.

70개의 과학기술 연구결과를 관련 기관별로 나누어 보면 개인 또는 대학에서 9건, 정부출연연구소에서 30건, 나머지 31건은 민간 기업 연구소에서 나왔다. 즉, 대한민국을 변화시킨 과학기술의 쌍두마차인 정부출연연구소와 민간 기업 연구소의 연구 활동을 계속 지원하고 응원할 필요가 있다. 향후 50년을 내다볼 때 정부의 R&D 연구 지원비에 대한 지속적 증액이 바람직하다고 볼 것이다.

'과학기술 대표성과 70선' 중에서 개인 과학자의 이름이 거론된 것은 모두

현신규

1950년대
············· 공병우 타자기
············· 산림녹화 임목육종(현신규)

1960년대
배추품종 개발(우장춘)·········
나일론 생산기술·········
화학비료 생산기술·········
우장춘
화학비료

1970년대
············· 한국 고유모델 국산차 포니
············· 통일벼
············· 게이지 이론의 재규격화(이휘소)

1980년대
TDX-1 상용화·········
한탄바이러스 백신(이호왕)·········
DRAM 메모리 반도체 ·········
DRAM

한국형 표준원전
1990년대
············· 우리별 인공위성
············· CDMA 상용화
············· 한국형 표준원전 설계기술

2000년대
글로벌 신약 팩티브·········
인간형 휴머노이드 휴보·········
초음속 고등훈련기 T-50·········
휴보

초음속 고등훈련기
나로호
2010년대
············· 나로호 우주발사체

그림 2.1 연대별 주요 과학기술

7건으로, 공병우 박사를 제외한 이태규·현신규·이임학·우장춘·이휘소·이호왕 박사 6인은 모두 '과학기술인 명예의 전당'에 헌정되었다. 이들은 탁월한 과학기술 업적을 통해 국가 발전 및 국민 복지 향상에 기여하였다. 대한민국이 존속하는 한 영원히 그 이름이 빛날 것이며 과학자를 꿈꾸는 젊은이들에게 귀감이 될 것이다.

'과학기술 대표성과 70선'을 분야별로 나누어보면 기계소재 16건, 농림수산 6건, 생명해양 8건, 전기전자정보 14건, 건설환경에너지 14건, 국방우주항공 7건, 기초과학 5건이다.

21세기 정보기술, 바이오기술, 나노기술 시대를 맞아 우리나라가 제2의 '한강의 기적'을 만들려면 이들 분야를 융합한 기술에서 획기적인 돌파구를 열어야 한다. 또한 과학기술의 밑바탕을 이루는 기초과학에 장기적이고 과감한 투자를 하여 이호왕·이휘소 박사와 같은 세계적인 과학자를 배출해야 한다.

세계 문명을 변화시킨 3대 혁명을 꼽는다면 영국을 중심으로 한 18세기 후반의 산업혁명, 미국을 중심으로 한 20세기 중반의 정보혁명, 그리고 현재 진행 중인 21세기의 창조혁명을 들 수 있다. 산업혁명을 철강·제조업 중심의 하드웨어형 인재가 주도하였다면, 정보혁명은 IT·금융을 중심으로 한 소프트웨어형 인재가 주도하고 있다. 이제 창조혁명은 융합기술, 문화콘텐츠를 만들어 낼 융합창의형 인재가 주도할 것이다. 우리나라는 문화한류, IT 한류를 넘어 모든 분야에서 융합적·창의적 아이디어로 창조혁명을 주도할 충분한 잠재력을 가지고 있다. 광복 100주년이 되는 2045년에도 과학기술 100선이 선정되기를 기대하며 이 가운데 세계 문명의 변화를 주도할 과학기술이 포함되기를 염원한다. 또한 창조혁명 시대에는 영국과 미국의 뒤를 이어 우리나라가 세계 문명의 주도국이 되는 것을 꿈꾸어 본다. 이것이 모든 국민이 바라는 대한민국 미래의 비전이다.

10년 후 우리 사회의 모습은 어떻게 변화할까

과학기술의 발전은 우리 사회의 모습도 획기적으로 바꾸어 놓고 있다. 10년 전만 해도 지하철 안에서 휴대폰을 보는 사람은 많지 않았다. 그러나 지금은 10명 중 8명 이상이 전화, 인터넷, TV, 녹음기 등 많은 기능을 가지고 있는 휴대폰을 본다. 10년 전에는 예측하지 못했던 현실이다. 앞으로 10년 후 과학기술이 바꾸어 놓을 우리 사회의 모습은 어떠할까? 대표적인 사례 10가지를 선정해 보았다.

10년 후 미래를 변화시킬 과학기술 10선
(1) 빅데이터, 사물인터넷, 스마트홈 사회가 도래한다

빅데이터 시대는 이미 시작되었고, 10년 후에는 빅데이터가 우리 사회 곳곳에 자리 잡을 것이다.

사물인터넷(IoT: Internet of Things)은 각종 사물에 센서와 통신 기능을 내장하여 인터넷에 연결하는 기술을 말한다. 여기서 사물이란 가전제품, 모바일 장비, 웨어러블 컴퓨터 등이 모두 해당된다. 사물인터넷에 연결되는 사물들은 자신을 구별할 수 있는 유일한 아이피를 가지고 인터넷에 연결된다.

가트너(Gartner)[6]에 따르면 2009년까지는 사물인터넷 기술을 사용하는 사물의 개수가 9억 개에 지나지 않았으나 2020년에는 260억 개를 상회할 것이라고 예상했다. 이와 같이 많은 양의 사물이 연결되면 인터넷을 통해 방대한 데이터가 모이게 된다. 이렇게 모인 데이터는 기존 기술로 분석하기 힘들 정도로 방대해지기 때문에 빅데이터 기술이 필요하다.

사물인터넷의 등장은 빅데이터를 분석하는 효율적인 알고리즘 개발과 이해하기 쉬운 통계분석 기술을 촉진하고 있다. 대표적인 사물인터넷의 사례로 스마트홈(smart home)이 있다. 가전기기 등 집안에 있는 모든 사물들이 인터넷으로 연결되면 외부에서도 집안의 상태를 점검할 수 있으며, 귀가하기 전 미리 에어컨을 켜 놓을 수도 있고 전기밥솥을 미리 가동시킬 수도 있다. 10년 후에는 대부분의 집들이 스마트홈의 형태를 가지게 될 것이다.

---

6) 미국 코네티컷주에 본사를 둔 IT 분야의 리서치 기업이다. 2001년까지 가트너 그룹으로 널리 알려졌으며 현재는 가트너로 불리고 있다. 다국적 IT기업 및 각국의 정부기관 등을 주 고객으로 두고 있으며 설문조사 부문의 높은 신뢰도로 공신력이 높다.

(2) 대규모 온라인 공개강좌(MOOCs)가 대학의 존재를 위협한다

수천 명의 학생이 동시에 무료로 인터넷을 통하여 강의를 들을 수 있는 대규모 온라인 공개강좌(MOOCs: Massive Open Online Courses) 시스템이 일반화될 것이며 상당수의 대학들은 경쟁력을 상실하게 될 것이다. 이 공개강좌는 유럽에 비해 상대적으로 고등교육 지원이 적은 미국에서 공개대학 수업의 형태로 발달하고 있다. 10년 후에는 오픈소스 플랫폼에 기반한 사용자 참여와 개인 학습 형태로 진화하여 소셜 미디어 등 혁신적인 의사소통 기술과 결합해 고등교육 부문에 지대한 영향을 주게 될 전망이다. 이는 교육비의 감소, 교육 접근성의 향상, 학생 및 근로자의 취업 능력 상승, 국가경쟁력 강화에 기여할 것이다.

반면, 이러한 온라인 교육 방식은 교육의 질 확보 문제, 물품 판매 등의 상업적 이용과 부정행위, 수동적 학습 가능성 등의 문제를 낳을 수 있다. 또한 공개강좌 자료의 법적 소유주 문제, 최초 플랫폼을 벗어난 자료의 신빙성 담보, 학습자 개인정보의 보호 등의 문제가 대두하게 될 것이다.

(3) 지능형 로봇이 인간을 돕는다

그동안 세계 로봇산업의 중심축은 제조용, 산업용 로봇이었다. 하지만 최근에는 ICT 융합을 통해 다양한 고부가가치의 서비스 제공이 가능한 지능형 로봇이 개발되고 있다. 터미네이터, 트랜스포머, 또봇과 같은 미래 로봇은 지금까지 영화에서나 볼 수 있었지만 10년 후에는 인공지능이 입혀진 로봇이 우리 일상에 모습을 드러낼 것이다. 로봇 청소기도 훨씬 똑똑해지고 인간을 돕는 로봇의 역할은 크게 증대될 것이다. 상·하지 재활가능 로봇, 홍보안내 로봇, 무인방제 로봇, 농작물 헬리콥터 로봇, 장애인을 돕는 로봇 등 다양한 로봇이 출현할 것이다.

KAIST 휴머노이드로봇연구센터의 '휴보'(사진협조: KAIST)

로봇의 진화는 빠르게 진행될 것으로 보인다.

최근 캘리포니아대학교 샌프란시스코 의료원은 자동화된 로봇에 의해 컨트롤되는 약국을 도입했다. 의사가 발행한 처방전이 전산망을 통해 전달되면 로봇이 약을 고르고 포장해 복용량에 따라 조제하는 것이다.

이 약국은 한 건의 오류도 없이 운영되고 있다. 즉, 오류 없이 처방하는 약사 로봇이 탄생한 셈이다. 이외에도 지치지 않고 법률 서류를 검토하는 소프트웨어 로봇, 공기 없는 우주에서 작업하는 로봇, 고객이 직접 계산하도록 돕는 셀프서비스 로봇, 위험한 전투를 수행하는 전투 로봇, 아이를 돌보는 로봇, 재해 재난 시에 부상자를 구조하는 로봇 등 인간을 돕는 지능형 로봇이 크게 발달할 것으로 예상된다.

(4) 자율주행 자동차가 도로를 질주한다

자율주행 자동차(autonomous vehicle)는 차가 알아서 방향을 전환하고 위기에 대처하며 길을 찾아가는 시스템을 가진 자동차를 말한다. 과학기술계는 10년 후 자율주행 자동차가 양산되어 도로 위를 질주할 것으로 예상하고 있다. 이를 위해 자율주행에 관련된 기술과 장비들이 연구·개발되고 있다. 국내 최대 자동차 부품회사인 현대모비스에서는 '적응형 순항제어장치', '차선이탈방지 및 제어장치', '자동 긴급제동 시스템', '지능형 주차보조 시스템', '후측방 경보 시스템', '앞차와의 간격유지 주행 시스템' 등 자율주행 시스템 기술 개발에 상당한 진전이 있다고 밝히고 있다.

자율주행 시스템이란 일반적인 주행 상황에서 목적지까지 부분 자동화 또는 완전 자율주행이 가능한 시스템을 의미한다. 무인자동차는 운전자가 없는 상태이나 자율주행 자동차는 운전자가 있는 것이 다르다. 10년 후에는 무인자동차가 흔하게 이용될 것이다. 예를 들면, 차고에서 차를 불러 집 앞에 대기시키는 작동은 무인자동차 출현으로 가능하다.

(5) 3D 프린팅의 무한한 가능성이 산업의 기반을 바꾼다

3D 프린팅의 역사는 20년이 넘는다. 처음에는 첨삭가공(additive manufacturing)이라고 불리는, 부서진 곳을 고치는 기술이었다. 그 후 직접 디지털 가공(direct digital manufacturing) 혹은 쾌속 조형(rapid prototyping)이라고 불리다가, 최근에 3D 프린팅이라는 명칭으로 통합되었다. 10년 전부터 이 기술을 이용한 액세서리, 신발 등이 만들어졌고 최근에

는 산업디자인 제품, 건축물이나 정교한 제품의 제작으로 확산되고 있다.

3D 프린터는 플라스틱을 녹여 얇게 뿌리고 그 위에 덧뿌려 물건의 형상을 만드는 원리이다. 작은 통에 플라스틱 가루나 송진을 녹여서 뿌리는데, 이 플라스틱이나 송진을 열로 녹이는 작업을 LED로 처리해주는 시스템이 등장했다.

이 새로운 방법으로 0.02㎜ 두께의 플라스틱 물질을 뿌려주면 아주 정밀한 제품뿐만 아니라 해상도 높은 제품도 만들 수 있다. 또 복잡한 내부 구조를 가진 제품도 안쪽부터 프린트하는 방식으로 완성할 수 있다.

3D 프린터는 바이오 프린터로 더욱 발전할 것이다. 수명 연장을 위하여 피부를 프린트하는 것은 물론 심장이나 방광 등의 장기를 프린트하는 기술로도 발전할 것이다.

또한 3D 프린터는 시제품 제작에서 총기 산업, 우주항공 산업, 컴퓨터 산업, 태양광 패널까지 그 활용 분야가 빠르게 확산되고 있다. 이로 인해 18세기 산업혁명에 버금가는 변혁이 올 수 있으며 모든 산업의 기반을 흔드는 변화를 가져올 수도 있다.

(6) 웨어러블 기술이 상용화된다

구글 글래스, 애플 워치 등으로 대표되는 웨어러블 기술(wearable technology)은 더욱 진전되어 가볍고 유연하며 내열성을 지닌 기능성 직물에도 확장·상용화될 것이다. 웨어러블 기기는 사용자가 쉽고 부담 없이 착용할 수 있도록 소형화될 것이다. 또한 특정 신체징후를 모니터링하는 팔찌(마이크로소프트), 신체의 혈액응고 탐지력 향상 기기(구글) 등도 등장할 예정이나.

웨어러블 기기는 헬스케어 분야에 활용되어 대량의 데이터를 수집하고 자동으로 분석·통보함으로써 건강관리, 삶의 질 향상에 기여할 뿐만 아니라 의류, 예술, 문화 등을 변화시켜 새로운 시장을 형성할 것이다. 그러나 수집된 개인정보가 자동으로 사회관계망 계정에 공유된다면 정보침해 발생 가능성이 있으므로 개인정보 보호 차원에서 새로운 대책도 필요하다.

(7) 스마트 공장이 생산현장을 획기적으로 바꾼다

스마트 공장(smart factory)의 사례를 들어보자. 충북 청주시에 있는 LS산전 전력기기 생산 공장의 불량률은 0.01%이다(한국경제신문, 2015년 5월 1일 보도). 9만m²가 넘는 넓은 공장이지만 정작 일하는 직원들은 눈에 잘 띄지 않는다. 현장에 사람 대신 포장과 운반을 동시에 수행할 수 있는 로봇과 생산 진행 상황에 맞춰 자동으로 자재나 제품을 운반하는 무인차가 조용히 지나다닐 뿐이다. 2010년 전력기기 제품을 하루 7,500개 생산하던 이 공장은 최근 비슷한 제품을 하루에 2만 개까지 생산할 수 있게 됐다. 스마트 공장 시스템을 도입한 뒤의 변화다.

이처럼 스마트 공장은 생산현장을 획기적으로 바꿔 놓고 있다. 스마트 공장은 자재조달, 생산, 배송 등 모든 과정에 빅데이터와 센서 등 사물인터넷 기술을 접목한 공장이다. 근로자의 수작업이 아니라 생산설비 곳곳에 부착된 센서의 상호작용으로 공정이 자동화되어 생산성은 올라가고 불량률은 떨어진다.

정부가 2015년부터 강력하게 추진하는 사업 중 하나가 '제조업 혁신 3.0'이다. 이는 'IT·SW 융합으로 융합 신산업을 창출하여 새로운 부가가치를 만들고, 선진국 추격형 전략에서 선도형 전략으로 전환하여 우리 제조업만의 경쟁우위를 확보해 나가는 혁신 계획'을 말한다. 이 계획에서 가장 중요한 핵심은 스마트 공장이다. 스마트 공장은 제품 기획·설계, 제조·공정, 유통·판매 등 제조 기반 전 과정을 첨단 IT로 통합해 에너지 효율과 자동화 비중을 높임으로써 고객맞춤형 제품을 생산한다. 주로 빅데이터와 사물인터넷 기반 생산 공정 자동화, 지능형 초정밀가공, 공정 시뮬레이션 기법 등 첨단 제조기술을 사용한다. 정부는 2020년까지 스마트 공장을 1만 개로 확대한다는 목표 하에 개별기업과 업종, 산업단지 등을 중심으로 1조 원의 예산으로 주요 공장의 스마트화를 추진하고 있어, 10년 후에는 대부분의 공장들이 스마트 공장으로 탈바꿈될 것이다.

(8) 드론의 사용이 확대된다

드론(drone)은 조종사가 탑승하지 않고 지정된 임무를 수행할 수 있도록 지상에서 원격 조종하는 비행체로, 흔히 무인 항공기라고 부른다. 드론이라는 용어는 '벌이 윙윙거린다'는 말에서 나왔다.

드론은 활용 분야에 따라 다양한 장비(광학, 적외선, 레이더 센서 등)를 탑재해 감시, 정찰, 정밀공격무기의 유도, 통신, 정보 중계 등의 임무를 수행하고 있다. 또한 폭약을 장전시켜 정밀무기로도 실용화되는 등 군사적 목적으로도 주목받고 있다.

드론은 10년 후 배터리, 탑재 컴퓨터, 소재 등 구성 부품의 혁신과 기술 발전으로 인한 가격 하락으로 민간 분야 활용이 크게 확대될 것이다. 예를 들면 지도 제작, 물류 배송, 위험지역의 사진 촬영 등에도 사용되고 안전·보안·치안 분야에서 사람을 대신해 위험한 업무를 수행할 전망이다.

반면 드론에 의한 사진·동영상 촬영 등 사생활 침해 문제가 우려되며 드론과 군용·민항기 간 충돌 등 항공사고 발생 가능성도 존재한다. 따라서 드론의 사진 촬영이나 정찰·공격 목적으로 사용할 때의 행동규범을 마련할 필요가 있다.

(9) 가상현실이 현실처럼 다가오는 시대가 도래한다

가상현실(VR: Virtual Reality)은 컴퓨터 등을 사용한 인공적인 기술로 만들어낸 실제와 유사하지만 실제가 아닌, 특정한 환경이나 상황 혹은 그 기술 자체를 의미한다. 이때 만들어진 가상의 환경이나 상황 등은 사용자의 오감을 자극해 실제와 유사한 공간적, 시간적 체험을 하게 함으로써 현실과 상상의 경계를 자유롭게 넘나든다. 또한 사용자는 가상현실에 단순히 몰입할 뿐만 아니라 실재하는 디바이스를 이용해 조작이나 명령을 하는 등 가상현실 속에 구현된 것들과 상호작용이 가능하다.

군부대에서는 가상훈련을 통해 낙하산 훈련, 적진지 침투 훈련 등이 가능하다. 의료 분야에서는 가상 재활훈련도 가능하여 뇌졸중 환자가 게임처럼 즐기면서 신체 기능을 회복할 수 있다. 로봇이나 드론을 이용해 먼 거리에 있는 공간에 사용자가 있는 것 같은 효과를 주는 가상현실 시스템을 구축할 수도 있다.

이처럼 가상현실의 응용 범위는 매우 광범위하며 향후 엄청난 발전을 보일 것이다. 삼성전자, 페이스북, 구글, 소니 등 IT 업체들은 이미 가상현실 기기 사업에 뛰어들었고 가상현실 헤드셋을 출시한 기업만 해도 수십 개가 된다. 삼성전자는 2014년에 '기어 VR'을 선보였고 2015년에는 갤럭시 S6를 출시하면서 스마트폰으로 가상현실 콘텐츠를 감상할 수 있게 되었다. 페이스북은 2016년 '오큘러스 리프트' 헤드셋을 출시하여 이를 머리에 쓰면 가상현실을 체험할 수 있다. 가상현실의 대중화 시대가 다가오고 있는 것이다.

실감나는 가상 체험이 가능한 삼성전자 '기어 VR Innovator Edition'
(사진협조: 삼성전자 www.samsung.com)

(10) 기술과 금융이 결합해 새로운 핀테크 산업 시대가 도래한다

핀테크(fintech)는 금융(finance)과 정보기술(information technology)이 결합된 서비스를 말한다. 인터넷 뱅킹, 모바일 뱅킹 등의 온라인 금융활동이 고도화되고 데이터화되면서 데이터를 기반으로 한 새롭고 다양한 금융 서비스가 등장할 것이다.

첫째, 핀테크는 지급결제 서비스를 사용자가 쓰기 쉽게 만들면서 은행보다 훨씬 낮은 수수료를 받게 될 것이다. 둘째, 금융 데이터 분석을 통해 고객의 금융 거래를 바탕으로 신용도를 투명하게 파악해 적절한 이자율을 계산하게 될 것이다. 셋째, 금융 소프트웨어는 리스크 관리나 회계업무 등을 더 효율적으로 만들어 줄 것이다. 마지막으로 플랫폼은 금융기관이 중간에 끼지 않고도 전 세계 고객이 자유롭게 금융 업무를 처리할 수 있는 기반을 제공할 것이다.

미래에는 인터넷과 IT 기술이 금융 산업에 광범위하게 도입되면서 증권 거래소나 은행이 대폭 줄어들 것이다. 또한 모든 금융 분야를 종합적으로 서비스하는 기능이 발전되고 인간이 하던 일을 인공지능 기술이 대신하는 새로운 금융서비스 업무가 등장할 것이다.

미래 기술을 좌우할 데이터 기술과 SW 파워

지금까지 10년 후 우리 사회를 변화시킬 대표적인 과학기술 10선을 살펴보았다. 이외에도 예방의학 기술, 대체 에너지 기술, 그래핀 활용 기술, 수경재배 기술, 전력저장 기술, 지능형 반도체, 클라우드 컴퓨팅, 환경

복원 기술, 유전자 변형식품, 심해저 해양플랜트, 5G 이동통신기술 등이 우리 사회를 크게 변화시킬 주역이 될 것이다.

미래 사회에서 인류의 삶의 질은 과학기술이 좌우할 것이다. 신기술의 등장은 경제·사회 전반에 크고 복합적인 영향을 미칠 것이므로 미래를 전망하고 이에 대해 선제적으로 대응할 방안을 마련할 필요가 있다. 또한 신기술 활용 제품·서비스의 발전 방향을 고려한 산업 활성화 및 안전·환경·윤리 등의 역기능 방지를 위해 법·규제 등을 검토할 필요가 있다.

미래를 변화시킬 주요 과학기술은 사실상 데이터 기술과 SW(software)의 발전이 깊게 연결되어 있다. 데이터 기술과 관련이 깊은 것은 센서 등을 활용해 데이터를 수집하고 이를 분석해 대응하는 기술들이다. 예를 들면, 빅데이터, 사물인터넷, 스마트홈, 지능형 로봇, 자율주행 자동차, 웨어러블 기기, 스마트 공장, 핀테크 등이 여기에 속한다. 중요한 미래 기술들이 데이터 기술과 SW에 기반을 두고 있다고 보아도 과언이 아니다.

데이터 기술 기반 SW산업이 미래를 장악한다

SW 중심 IT 기업들의 약진

전 세계적으로 볼 때 시가총액이 큰 기업들은 어디일까? 〈표 2.1〉을 살펴보면 1980년대는 일본의 제조기업들이 단연 우위에 있었으나 1990년대 차츰 바뀌기 시작해 2015년에는 SW 기반 IT 기업들이 시가총액 Top 10을 장악하고 있다. 제조기업으로는 삼성전자가 처음으로 Top 10에 이름을

표 2.1 시가총액 Top 10 기업들

(단위: 억 달러)

순위	1989			1999			2015		
1	IBM	541	미국	MS	6,044	미국	Apple	6,477	미국
2	Hitachi	344	일본	Cisco	3,551	미국	Google	5,227	미국
3	Panasonic	341	일본	Intel	2,745	미국	MS	4,415	미국
4	Toshiba	284	일본	Nokia	2,222	핀란드	Amazon	3,105	미국
5	NEC	194	일본	IBM	1,925	미국	FB	2,981	미국
6	Fujitsu	191	일본	Oracle	1,581	미국	Alibaba	2,118	중국
7	Sony	171	일본	Dell	1,301	미국	Intel	1,641	미국
8	Sharp	146	일본	Ericsson	1,286	스웨덴	Oracle	1,630	미국
9	Lucent	139	미국	Qualcomm	1,247	미국	삼성전자	1,600	한국
10	Sanyo	135	일본	Sony	1,223	일본	IBM	1,327	미국

올렸고 인텔을 제외한 나머지 8개 기업이 모두 SW 관련 기업들이다. 이들 기업들은 대부분 SW와 함께 데이터 기술(DT)을 활용하고 있으므로 'SW + DT' 기업이라고 평가할 수 있다. 한국에서는 시가총액을 기준으로 했을 때 아직까지는 삼성전자, 현대자동차, SK 하이닉스 등의 제조기업이 상위에 있으나 최근 급상승세를 보이는 네이버, 삼성 SDS, 카카오 등은 SW 관련 기업들이다. 전 세계적인 발전 추세로 볼 때 한국에서도 10년 후에는 SW 관련 기업들이 시가총액 상위에 대거 자리할 것으로 예상한다.

SW 인력이 절대 부족한 한국

산업의 발전 추세로 볼 때 IT 분야에서도 SW 관련 기업들이 산업을 이 끌 것으로 보인다. 하지만 우리나라는 SW 산업을 이끌 인력이 엄청나게

표 2.2 한국과 미국의 SW 인력 비중

(단위: 천 명)

국가	HW 인력	SW 인력	합계
한국	590(78.4%)	163(21.6%)	753
미국	1,094(32.0%)	2,330(68.0%)	3,424

* 출처: 미국 노동청(2013), 정보통신기술진흥센터(2013)

부족하다. HW와 SW의 인력비중을 미국과 비교해 보면 〈표 2.2〉와 같다.

이 표에서 보면 미국은 IT 인력 중 SW 인력이 68%를 차지하고 있으나 한국은 21.6%에 불과하다. 아직 한국은 SW 산업을 진흥할 수 있는 인력이 준비되어 있지 않은 상태이다. 아시아에서도 중국과 인도의 SW 인력은 눈에 띄게 증가하고 있다. 〈표 2.3〉을 보면 한국은 답보상태를 면하지 못하고 있으나 중국과 인도의 연평균 SW 인력 증가율은 중국이 22%, 인도는 12.6%를 보이고 있다.

표 2.3 한국·중국·인도의 연도별 SW 인력 증가

(단위: 만 명)

국가	2009년	2010년	2011년	2012년	2013년
한국	16.1	15.2 (-5.6%)	15.3 (0.1%)	15.8 (3.3%)	470.0 (12.3%)
중국	213.2	272.5 (27.8%)	343.9 (26.2%)	418.4 (21.7%)	470.0 (12.3%)
인도	219.6	230.0 (4.7%)	254.0 (10.4%)	277.0 (9.0%)	350.0 (26.3%)

* 출처: 중국 SW 및 통신기술서비스업 연간보고서(CSIA, 2014), 인도 NASSCOM(2013), 정보통신 기술진흥센터(2014)

더구나 미국 이민법 개정에 의해 STEM(과학·기술·공학·수학) 전공자
는 무제한 H1-B 비자를 발급해 준다고 하니 우리의 SW 인력이 빠져나갈
개연성이 커지고 있다. 중국 기업들도 한국의 SW 경력자를 우대하여 스카
우트하고 있어, 한국은 SW 인력 양성에 사면초가 상황이다.

SW산업은 미래 국가경쟁력에 매우 중요하므로 우리나라도 SW 인력
양성을 위해 노력해야 한다. 국가에서도 그 중요성을 인식하여 앞으로 중
학교 교육과정에서 SW 교육을 의무화한다고 한다. 어린 시절에 SW 교육
을 받는 것은 중요하며 고등학교와 대학교에 진학해서도 계속 관심을 갖는
다면 SW 인력 양성에 긍정적인 영향을 미칠 것이다.

스마트 공장은 얼마나 스마트한가

스마트 공장의 운영

스마트 공장의 운영 모델을 제시해 보면 〈그림 2.2〉와 같다. 여기에서
PLC(Programmable Logic Controller)란 입력된 프로그램으로 기계, 설비 및
가공, 조립 라인을 자동으로 제어하는 범용제어 기기를 말한다. HMI(Human
Machine Interface)는 산업현장의 여러 가지 장치들을 중앙의 컴퓨터에서
감시하고 제어하기 위해 사용되는 자동화용 소프트웨어를 칭한다.

그리고 ERP(Enterprise Resources Planning)는 전사적 자원관리를 하
는 기업 내 통합정보시스템을 말한다.

〈그림 2.2〉와 같은 스마트 공장의 운영을 통해 기업 맞춤형으로 IT

융합 생산운영 스마트 시스템이 작동되면 공장의 첨단화·자동화·효율화가 이루어져 고품질·고생산성의 공장이 운영될 것이다.

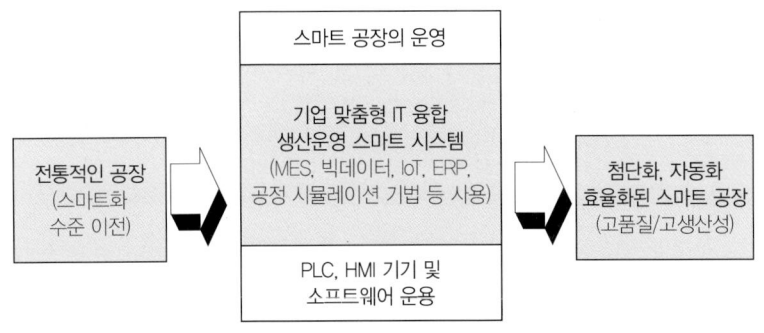

그림 2.2 스마트 공장의 운영 모델

스마트 공장 모범 사례

우리 기업들도 빅데이터, 사물인터넷 등 다량의 데이터 분석 인프라가 구축되면서 스마트 공장 건설에 나서기 시작했다. 스마트 공장의 대표적인 우수 사례(조선일보 2015년 3월 25일 보도)를 들어보자.

전남 광양제철소 인근에 자리 잡은 포스하이메탈 공장은 고순도의 '페로망간(FeMn)'이란 물질을 만드는 공장이다. 페로망간은 광양제철소에서 강판을 만들 때 일종의 첨가제처럼 넣는 필수원료이다. 전기를 이용해 쇳물을 끓이는 공장 내부는 섭씨 1,500도에 달하는 전기로에서 뿜어져 나오는 열기로 일하기 힘들 정도이다.

이 공장은 포스코ICT와 함께 2013년 초부터 18개월간 60억 원을 들여 모든 공정에 온도·압력·전력·분진 등 1만 5천여 개의 각종 측정 센서를 설치했다. 연간 450억 원씩 들어가는 전기료를 절감하고 작업 환경을

쾌적하게 만들기 위해서였다.

이 공장은 분진이 많이 발생하였다. 원료인 망간 광석을 컨베이어 벨트에 실어 전기로에서 녹이고 최종적으로 만든 페로망간을 다시 잘게 부수는 과정에서 온갖 먼지가 발생하기 때문이다. 포스하이메탈은 공장 곳곳에 설치된 분진 측정 센서로 이 문제를 해결했다. 센서는 공장 내의 먼지 양을 측정하여 집진기의 지능형 인버터(inverter)에 무선으로 신호를 보낸다. 각종 기기에 부착된 센서가 스스로, 실시간으로 보내오는 데이터를 주고받으며 자동으로 작동하거나 원격으로 조종하는 것이다.

데이터에 따라 집진기는 가동 속도를 높이거나 낮춘다. 먼지가 많이 발생하는 공정을 진행할 때는 집진기가 자동으로 평소보다 빠른 속도로 가동한다. 공장의 먼지 농도를 조절하는 모든 과정에서 사람이 하는 일은 하나도 없다. 특정 설비에서 전기를 많이 쓰는 이상 징후가 포착될 때는 전력량 측정 센서가 즉각 통합관제실의 모니터와 담당자의 스마트폰에 경고를 보낸다. 전력거래소와 사전에 약속한 '최대 전력사용량'에 가까워져도 경고를 하고 스스로 불필요한 전력 사용을 줄인다. 포스하이메탈 관계자는 "이 시스템을 적용한 이후 연간 16억 원의 에너지 절감 효과를 보고 있다"고 말했다.

경기 화성의 금형 열처리 제품 생산 중소기업 새한진공열처리는 최근 정부 지원금 1억 원에 자체 자금 5천만 원을 투입해 기존 공장을 스마트 공장으로 리모델링했다. 모든 제조 과정을 IT로 제어할 수 있는 MES를 도입한 것이다. 이 시스템에 수주 물량만 등록하면 전산시스템이 자동으로 최적의 공정시스템을 찾아준다. 전력감시모니터링 시스템도 구축해 전력소비를 연간 3억 원에서 2억 5천만 원으로 5천만 원 정도 절약하는 등 MES에 의하여 생산성을 60% 가까이 올릴 것으로 기대하고 있다. 또한 하루 작업이 끝나면 직원 5명이 오후 9시까지 남아 작성하던 A4용지 50장 분량의 작업지시서도 없어지게 되었다. 주문 등록만 하면 컴퓨터가 알아서 하루 공정을 기록해 주기 때문이다.

중소기업들은 자금과 정보에 취약하므로 모기업들이 스마트 공장 건설을 지원해 주는 것이 바람직하다. 전국 17곳에 설치된 창조경제혁신센터들을 통해 중소기업들이 스마트 공장을 도입한다면 생산성과 품질 향상에 큰 도움이 될 것이며, 우리나라 제조업의 스마트한 경쟁력을 키울 수 있을 것이다.

한국 산업의 미래를 향한 도전

최근 우리 산업은 중국에는 가격 경쟁에서 밀리고 일본에는 기술과 품질 경쟁에서 밀리는 소위 '넛 크래커(nut cracker) 신세', 혹은 '샌드위치 신세'가 되었다. 그동안 한국 경제를 이끌어 온 주력 산업은 중국에게 세계 시장 점유율에서 추월당하고 있다. 철강과 정유는 2003년에, 석유화학은 2004년에, 그리고 자동차와 조선해양은 2009년에, 중국에 자리를 내줬다. 현재 앞서가는 디스플레이·반도체·스마트폰도 턱밑까지 추격당하고 있다. 이와 같은 '넛 크래커 신세'를 탈피하고 새로운 미래에 도전하기 위한 전략으로 다음의 네 기지를 생각할 수 있다.

첫째, 우리 제조기업들이 신기술로 무장한 '제조업 First Mover 전략'을 추구해야 한다. 이를 위해서 대학은 신기술에 대한 기초연구를 하고 정부출연연구소는 응용연구를 통해 원천기술을 확보하며, 기업은 개발연구를 통해 생산기술을 확보하여 신기술을 상업화하는 것이다. 이렇게 기술이 제품으로 승화하려면 산·학·연·관이 함께 모여 시너지 효과를 창출해야 한다. 또한 새로운 성장동력의 지속 공급을 위해 생태계 차원의 '아이디어에서 생산까지'라는 가치흐름의 주기 단축과 창업 및 투자 활성화가 일어나야 한다.

두 번째로, 데이터 기술에 기반한 SW 산업을 일으켜야 한다. 기존의 제조기업들도 IBM처럼 HW 비중을 낮추고 SW 비중을 높일 필요가 있다. 또한 네이버, 카카오와 같은 SW 기업들도 그 활동 영역을 확장해 글로벌 기업이 되도록 노력해야 한다. 이와 동시에 기업의 가장 중요한 성장동력은 인력이므로 우수한 SW 인력 확보에 총력을 기울여야 하며, 외부에서 채용이 어려울 경우에는 내부에서 양성하는 방안도 강구해야 한다.

세 번째로, 서비스 산업의 고품질화와 고부가가치화를 촉진시켜 중국과 일본을 앞서야 한다. 성장률 둔화를 극복하고 신성장동력을 발굴하기 위해서는 서비스 산업에 눈을 돌려야 한다. 우리나라는 서비스 산업에서도 크게 성장할 수 있는 잠재력을 가지고 있다. 예를 들어 인천국제공항이 2015 세계공항서비스평가(ASQ)에서 11년 연속 1위를 차지한 것은 대단한 업적이다.

네 번째로, 각 기업의 프로세스를 데이터 기술과 IT로 스마트화해 스마트 공장, 스마트 서비스, 스마트 품질경영 등으로 경쟁력을 증대시켜야 한다. 이런 노력을 통해 '품질 한국'의 명성을 나타낼 수 있을 것이고 '넛 크래커 신세'를 탈피해 아시아에서 일본과 중국을 앞지를 수 있을 것이며, 궁극적으로 세계를 선도하는 국가로 발돋움할 수 있을 것이다.

인공지능 알파고와 빅데이터

알파고와 이세돌의 바둑 대결

2016년 3월 인간과 기계의 바둑 대결이 세상을 떠들썩하게 만들었다. 인간은 세계 최상위 수준급의 프로 기사인 이세돌 9단이고, 기계는 구글 딥마인드(Google DeepMind)가 개발한 인공지능(AI: Artificial Intelligence) 바둑 프로그램인 '알파고(AlphaGo)'이다. 알파고의 의미는 그리스 문자의 첫 번째 글자로 최고를 의미하는 '알파(α)'와 '碁(바둑)'의 일본어 발음에서 유래한 영어 단어 'Go'를 합성한 것이다. 딥마인드는 구글 자회사이자 영국의 인공지능 프로그램 개발 회사이다. 2010년 데미스 하사비스(Demis Hassabis)가 영국 런던에서 딥마인드 테크놀로지(DeepMind Technology)라는 이름으로 설립했고 2014년 구글이 4억 달러(약 4,800억 원)에 인수해 현재 사명으로 바뀌었다.

알파고는 2015년 10월 유럽 바둑 챔피언인 프로 기사 판후이 2단과의 5번기에서 5대 0으로 승리해 핸디캡(접바둑) 없이 호선(맞바둑)으로 프로 바둑 기사를 이긴 최초의 컴퓨터 바둑 프로그램이다. 2016년 3월 9일부터 15일까지 이세돌과 알파고가 치른 5번기 공개 대국에서 예상을 깨고 4승 1패로 알파고가 승리해 현존하는 최고의 AI로 세계를 경악하게 했다.

이 대국은 인공지능의 새 지평을 열었다는 평가를 받았다. 바둑계는 기존의 통념을 깨는 창의적인 수와 대세관으로 수천 년 동안 이어진 바둑 패러다임이 바뀔 것이라고 전망했다. 한국기원은 알파고가 정상의 프로기사 실력인 '입신(入神)'의 경지에 올랐다고 인정하고 프로 명예 9단증을 수여했다.

바둑은 장기나 체스와 같은 게임에 비해 컴퓨터가 인간을 이기기 어려운 것으로 여겨져 왔다. 왜냐하면 바둑은 장기나 체스보다 경우의 수가 훨씬 많기 때문이다. 바둑은 19×19의 지점에 흑백으로 나누어 바둑돌을 놓을 수 있는 경우의 수가 천문학적이어서 바둑 역사 동안 수억 판 이상이 두어졌지만 같은 판은 한 판도 없었다는 것이다. 바둑의 경우의 수는 체스보다 구골(Googol, 10의 100제곱) 이상 많은 것으로 알려졌다.

체스의 경우, 1997년 IBM에서 만든 체스 게임용 컴퓨터 프로그램 딥블루(Deep Blue)가 체스 세계 챔피언 게리 카스파로프(Garry Kasparov)에게 승리한 바 있다.

그동안 바둑 프로그램은 인간 아마추어 기사 5단 정도의 실력으로 프로 바둑 기사를 이기진 못했다. 2012년, 4대의 PC로 운영되는 프로그램 '젠(Zen)'이 일본의 프로 기사 다케미야 마사키 9단과의 4점 접바둑에서 5전 2승을 거두었고, 2013년 프랑스에서 개발된 '크레이지 스톤(Crazy Stone)'이 이시다 요시오 9단과의 4점 접바둑에서 이긴 정도이다. 그런데 알파고가 그 장벽을 무너뜨린 것이다.

알파고는 어떻게 바둑의 수를 읽는가

알파고는 딥러닝(deep learning) 방식을 사용해 바둑을 익힌다. 딥러닝은 기계 학습(machine learning)의 하나로, 비지도 학습(unsupervised learning)을 통해 컴퓨터 스스로 패턴을 찾아 학습하여 판단하는 알고리즘을 가지고 있다. 보통의 프로그램처럼 인간이 지시하는 대로 따라하는 것이 아니기 때문에 따로 기준을 정해놓지 않는다. 대신에 방대한 빅데이터를 기반으로 컴퓨터 스스로 분석하고 학습하며 결정을 내리는 것이 특징이다. 알파고가 사용하는 방식은 사람의 바둑 전략을 학습하는 것이다. 이를 위해 수없이 많은 프로 기사들의 빅데이터 기보를 학습한다. 특정 상황에서 프로 기사들이 어떻게 대응하는지 딥러닝을 통해 패턴을 학습한 뒤 최선의 수를 찾는다. 또한 알파고 프로그램끼리 서로 대국한 다음, 승리한 판의 수에 가중치를 부여하는 방법도 사용했다.

딥마인드의 CEO인 하사비스에 의하면, 알파고는 아직 완성 단계가 아니라 시제품인 프로토타입(prototype) 단계이며 이세돌 9단과의 대국 정보를 입력해 더 실력이 뛰어난 알파고를 만들겠다고 하였다. 구글은 알파고 알고리즘을 인류의 최대 관심사인 기후변화 예측, 질병진단 및 건강관리, 자율주행 자동차, 스마트폰 개인비서 등 핵심적 서비스 사업에 적용할 계획이다.

알파고는 기존 바둑 프로그램인 '젠'이나 '크레이지 스톤'보다 현저한 발전을 이루었다. 알파고는 단일 컴퓨터로 구동되는 '단일 버전(single version)'과 네트워크에 연결된 여러 대의 컴퓨터를 사용하는 '분산 버전

(distributed version)'의 두 가지가 있다. 단일 버전의 알파고는 '젠'이나 '크레이지 스톤'을 포함한 다른 바둑 프로그램과 500번의 대국에서 한 번을 제외하고 모두 이겼다. 이세돌 9단과 대결한 것은 단일 버전보다 더 강력한 분산 버전으로 1,202개의 CPU로 구성되어 있어 매우 방대한 하드웨어 조직이다. 알파고가 이세돌과 바둑을 둘 때 1,202개의 CPU를 사용했다는 말은 다음 수를 찾기 위해 1,202개의 컴퓨터를 작동시켰다는 말과 같은 의미이다. 이렇게 방대한 하드웨어를 동원하여 1분 내에 다음 수를 결정하는 알파고의 능력에 감탄하지 않을 수 없다.

인공지능(AI)의 발달, 어디까지 갈 것인가

알파고가 인간 최고 고수와 같은 역량을 가짐에 따라서 조만간 인간을 완벽하게 이기는 바둑 프로그램이 나올 전망이다. 향후에는 바둑 최고 고수가 인간이 아닌 바둑 프로그램이 될 것이며 이들 간에 바둑 대국이 펼쳐질 것이다. 이런 추세로 발전한다면 AI 로봇, AI 간호사, 자산관리를 도와주는 금융 알파고 등도 등장할 것이다. 우리가 사는 세상이 10년 안에 큰 변화를 겪을 가능성이 높아졌다

IBM에서 개발한 인공지능 닥터 왓슨(Dr. Watson)은 의사의 진단을 보조하는 역할을 한다. 닥터 왓슨이 환자 증상과 영상 데이터 등을 분석하고 판독해 적절한 치료법을 제시하면, 의사는 이를 토대로 진료 결정을 내린다. 한국경제신문(2016년 3월 17일 보도)은 국내 의료계에서도 AI를 활용한 기술개발을 시도하고 있다고 전했다. 서울아산병원 의료진은 인공지능이

폐 CT(컴퓨터 단층촬영)를 분석해 폐암 유무를 알려주는 기술을 개발하고 있다. 분당서울대학교병원 의료진은 녹내장을 확인하는 안저 촬영, 유방암을 확인하는 초음파 검사 등에 인공지능을 적용하는 연구를 하고 있다.

그러나 우리나라의 인공지능 연구는 아직 초보 단계를 벗어나지 못하고 있다. 연구비 지원이 부족한데다 개인정보보호법 등의 규제로 연구에 속도를 내지 못하고 있기 때문이다. 의료용 인공지능 개발을 위한 빅데이터 구축을 위해서는 환자 정보를 수집해야 하지만 개인을 식별하는 주민등록번호를 사용할 수 없고 환자 정보 사용에 환자의 동의를 일일이 받아야 하므로 사실상 빅데이터 구축이 불가능하다. 개인정보보호법을 완화해 개인을 식별해 사용하는 행위만 하지 않는다면 환자의 동의 없이도 연구용으로 환자들의 빅데이터를 사용할 수 있도록 허용해 주어야 할 것이다.

최근 인공지능을 활용해 개인 맞춤형 자산운용 서비스를 제공하는 로보어드바이저(robo-advisor, 로봇+투자자문가) 업체들이 생기고 있다. 밸류시스템투자자문, 써미트투자자문 등이 이런 회사로 빅데이터와 알고리즘을 활용해 국내 주식, 상장지수펀드 등에 투자자문을 하고 있다. 이 로보어드바이저가 안정적인 수익률을 내는 비결은 로봇이 스스로 찾아낸 기업의 재무제표나 실적 지표로 구성한 포트폴리오에 있다. 이 포트폴리오는 컴퓨터가 분석한 현 시장 상황과 데이터 오류를 점검하는 기계학습 기능을 통해 실시간으로 좋은 수익률을 낼 수 있도록 돕는다.

3장

다가오는 미래,
인구 빅데이터로 예측한다

세계에서 가장 빠르게 늙어가는 나라, 다름 아닌 우리가 살고 있는 대한민국이다. 최근 들어 인터넷, SNS, 언론 매체 등에서 쉽게 접할 수 있는 용어가 저출산, 고령화, 인구절벽 (cliff), 인구충격이다. 이들 단어의 공통점은 인구와 관련되어 있다는 것이다. 이처럼 인구에 대한 관심이 커지는 이유는 뭘까?

통계로 풀어가는
빅데이터

미래 글로벌 인구와 사회 변화

늙어가는 글로벌 인구

반기문 사무총장으로 더욱 알려진 국제기구 UN(국제연합)의 「세계인구 전망(World Population Prospects: The 2012 Revision)」에 따르면 세계 인구가 2015년 73억 2천만 명에서 2060년에는 약 100억 명 시대가 도래 할 것으로 전망하였다. 이는 앞으로 약 45년 뒤에 233개 국가들의 인구를 종합한 것이다.

이 보고서는 대륙별 인구를 상세히 제시(〈표 3.1〉 참조)하고 있다. 아프 리카, 아시아, 라틴아메리카, 북아메리카의 인구는 증가하지만 유럽인구 는 7억 4천만 명(2015년)에서 6억 9천만 명(2060년)으로 45년 동안 5천만 명이 감소할 것으로 예상하고 있다.

표 3.1 2015~2060년 인구 변화

(단위: 백만 명, %)

연도/항목 지역	2015년		2060년	
	인구	구성비	인구	구성비
아프리카	1,166	15.9	2,797	28.1
아시아	4,385	59.9	5,152	51.7
유럽	743	10.1	691	6.9
라틴 아메리카	630	8.6	791	7.9
북아메리카	361	4.9	465	4.7
오세아니아	39	0.5	61	0.6

＊출처: UN의 세계인구 전망(2013. 6)

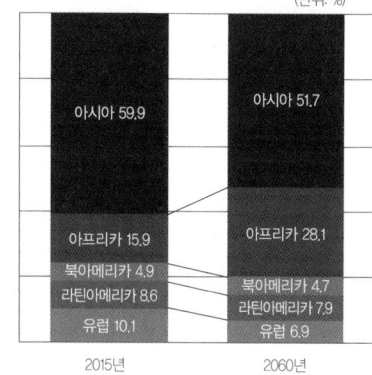

(단위: %)

아시아 59.9 / 아시아 51.7
아프리카 15.9 / 아프리카 28.1
북아메리카 4.9 / 북아메리카 4.7
라틴아메리카 8.6 / 라틴아메리카 7.9
유럽 10.1 / 유럽 6.9
2015년 / 2060년

　이러한 인구 증감은 단순히 양적 증감을 뜻하고 미래에 대한 인구 정보를 표현하기에는 부족함이 많다. 한 나라의 인구 양상을 살펴볼 때는 인구구조가 어떻게 변모되는지를 살펴봐야 한다. 인구구조는 각 계층별 인구 비중의 시간적 추이와 구조변화를 살펴본다는 점에서 질적으로 인구성장을 파악할 수 있다. 인구는 유소년 인구(0~14세), 생산가능 인구(15~64세), 고령 인구(65세 이상) 등으로 나눌 수 있다. 2015년 세계인구 중 유소년 인구는 26%, 생산가능 인구는 65.8%, 고령 인구는 8.2%이지만, 2060년에는 유소년 인구 20.5%, 생산가능 인구 62.0%, 고령 인구 17.6%로 고령 인구의 증가가 눈에 띈다. 이는 인구구조에서 고령화 비중이 더 커진다는 것을 뜻한다.

　〈표 3.2〉는 세계와 한국의 인구구조 변화를 나타낸 것인데, 아프리카 지역을 제외하고는 글로벌 인구가 대체적으로 고령화되는 것을 쉽게 알 수 있다. 2060년에는 세계 대부분 지역에 유소년 인구는 감소하고 고령 인구는 증가하는 고령사회를 맞이하게 될 것으로 보인다. 특히 UN은

표 3.2 세계와 한국의 인구구조 변화

(단위: %)

연도/항목 지역	2015년			2060년		
	0~14세	15~64세	65세 이상	0~14세	15~64세	65세 이상
세계	26.0	65.8	8.2	20.5	62.0	17.6
아프리카	40.6	55.9	3.5	29.7	63.2	7.1
아시아	24.4	68.1	7.5	17.0	62.4	20.6
유럽	15.7	66.9	17.3	15.5	56.8	27.8
라틴아메리카	26.1	66.3	7.6	16.4	60.8	22.7
북아메리카	19.1	66.1	14.8	17.9	59.4	22.7
오세아니아	23.7	64.4	11.9	19.6	61.3	19.1
남북한	16.3	71.8	11.9	12.8	54.4	32.8
한국	13.9	73.0	13.1	10.2	49.7	40.1
북한	21.2	69.3	9.5	17.0	62.1	20.9

* 출처: UN의 세계인구전망(2013. 6)
* 주: 65세 이상 비중이 7% 이상이면 고령화사회, 14% 이상이면 고령사회, 20% 이상이면 초고령사회

2015~2060년 사이에 고령 인구 비중이 계속 증가하는 국가는 157개국 (78.1%)이며, 세계 국가 중 한국의 고령 인구 비중은 2015년 51번째에서 2060년 2번째로 높아질 것으로 전망했다.

2015년 한국 인구 중 유소년인구는 13.9%, 생산가능인구는 73.0%, 고령인구는 13.1%이지만 2060년에는 유소년인구 10.2%, 생산가능인구 49.7%, 고령인구 40.1%의 분포를 보여 2015~2060년 사이에 고령인구 비중은 27.0%가 늘어나는 반면, 유소년인구와 생산가능인구는 각각 3.7%, 23.3% 감소하는 것으로 나타났다. 일본의 고령화를 한국이 답습한다는 인구전문가들의 의견을 참고할 때 이 두 기관에서 제시한 수치는 무시하고

넘길 사항이 아니다. 한국에도 초고령사회가 다가오고 있다는 것을 암시한다. 노인국가가 도래하고 있는 것이다.

가장 빠른 초고령사회

통계청은 2015년 인구의 날(7월 11일) 즈음하여 '세계와 한국의 인구현황 및 전망'을 발표했다. 이 보고서는 세계와 한국의 인구규모, 인구구조, 인구변동요인 등을 상세히 다루고 있으며 보고서의 일부자료와 WHO자료를 종합해 보면 〈그림 3.1〉과 같다. 이 그래프를 보면 타 국가에 비해 한국의 고령화 속도가 빠르다는 것을 알 수 있다.

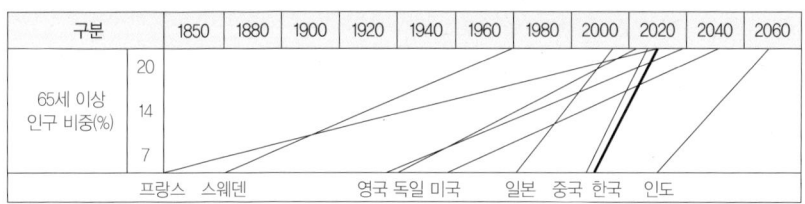

＊출처: 통계청(2015) 「세계와 한국의 인구현황 및 전망」, WHO(2015) 「Ageing and Health」를 기초로 재작성
＊주: 기울기는 고령화속도를 의미함

그림 3.1 65세 이상 인구 비중 기울기

〈그림 3.1〉을 살펴보면 고령화사회(65세 이상 비중이 7% 이상)에서 초고령사회(65세 이상 비중이 20% 이상)로 가는 소요기간이 프랑스 150년, 스웨덴 100년, 영국 98년, 독일 82년, 미국 98년이다. 하지만 일본은 36년, 한국은 고작 26년 만에 초고령사회가 될 것으로 예상된다. 100년의 시간을 거쳐 고령화사회를 맞이한 유럽 국가나 미국과는 다르게 일본과 한국은 너무나 빠른 기간에 초고령사회를 마주하게 된다. 즉, 유럽 국가나 미국은

100년의 시간적 여유를 가지고 고령화 대책을 준비할 수 있다면 한국은 고작 30년도 안 되는 기간에 준비해야 함을 뜻한다.

미국의 4대 회계 회사인 프라이스워터하우스쿠퍼스(PwC)에서 2015년, 인구와 관련된 흥미로운 보고서 '인구와 사회변화, 당신은 알았나요? (Demographic and social change, Did you know?)'를 발표했다. 여기에는 앞으로 전개될 미래 인구구조의 변화에 의해 사회가 어떻게 변모해 갈 것인지를 9개 그림(〈그림 3.2〉 참조)으로 요약하여 보여준다. 왼쪽 상단부터 살펴보자. 2025년에 세계인구가 10억 명이 증가하는데 이 중 3억 명 정도가 65세 이상 고령자다. 2013년 출생자보다 2014년 출생자가 평균적으로 10주 이상 오래 살고 아프리카 지역은 2015년과 2050년 사이에 50% 이상 인구

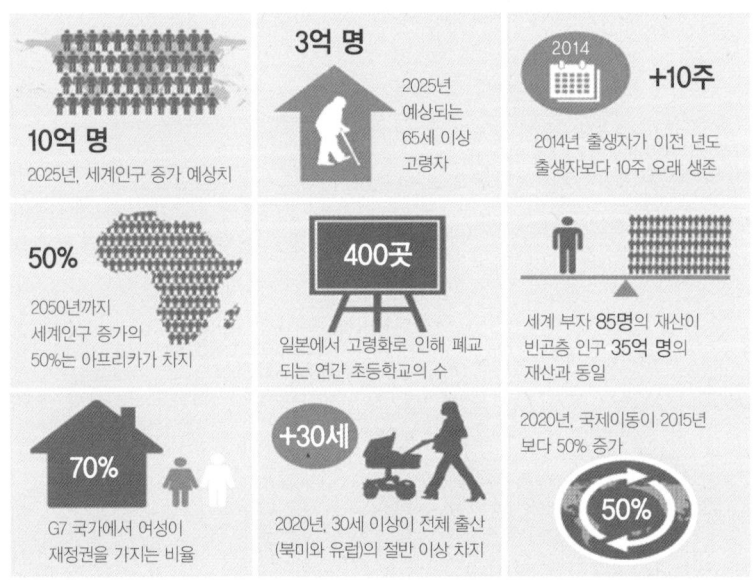

* 출처: PwC(2015), http://www.pwc.co.uk/issues/megatrends/demographic-and-social-change.html

그림 3.2 미래 인구지형과 사회변화

성장률을 보인다. 일본은 고령화로 인해 400개 초등학교가 폐교하며 85명의 세계 갑부가 가진 재산이 가난한 35억 명의 재산과 같아지는 부의 양극화가 심화된다. G7 국가의 70% 가구에서 여성이 재정권을 가지고 30세 이상 출산이 전체 출산의 반 이상 되는 만혼화 현상이 일반화되며, 2020년에는 2015년보다 50% 이상의 국제이동이 이루어지는 사회가 될 것임을 의미한다. 9개 그림을 특징별로 요약해보면 앞으로 도래할 미래사회는 저출산·고령화, 국경 없는 글로벌 사회, 부의 양극화, 여성상위시대, 아프리카 인구 폭발, 장수화(longevity)라고 할 수 있다. 미래의 글로벌 인구구조와 사회적 변화는 다양한 형태로 나타날 것이다. 한 나라만의 독특한 현상이 아니라 모든 국가들이 공통적으로 겪는 사회화이다. 그렇다면 한국의 미래 인구구조는 어떤 양상으로 전개될지 알아보자.

인구절벽이 예상되는 한국

세계에서 가장 빠르게 늙어가는 나라, 아이를 낳지 않는 초저출산의 덫에 빠져 있는 나라, 2020년 즈음에는 유소년 인구와 고령 인구의 인구 비중이 바뀌는 나라, 다름 아닌 우리가 살고 있는 대한민국이다.

인구절벽

소비가 가능한 세대를 소비가능세대라고 한다. 소비가능세대가 소비의 최고점을 지나고 다음 세대가 소비의 주역으로 출현할 때까지 경제가 둔화된다면 어떨까? 이런 상황에 처해진 국가가 바로 일본이다. 소비를 많이하는 장년층 인구가 줄면서 소비가 위축돼 경제가 디플레이션을 벗어나지 못하고 있다. 이런 현상을 인구통계학자 해리 덴트(Harry Dent)는 '인구절벽(Demographic Cliff)'이란 말로 설명하고 있다.

그는 「2018 인구절벽이 온다」에서 생애 전 주기에서 가장 소비가 많은 연령대인 45~49세[7] 인구가 줄어들기 시작하는 시점을 인구절벽이라고 했다. 이는 생산가능인구 감소보다 소비가능인구 감소가 더 위험이 크다는 것을 의미한다. 즉 인구절벽의 상황, 대규모 소비집단의 감소가 지출 감소, 수요 부족, 물가 하락으로 이어지고, 이는 생산 감소, 실업률 상승을 초래해 결국에는 디플레이션에 직면한다고 한다.

해리 덴트는 한국이 2018년에 인구절벽에 처할 것이라고 경고했다. 2018년은 한국 출생인구의 정점을 이룬 1971년생이 47세가 되는 해이다. 또한 1960~2060년의 45~49세 인구의 추이를 살펴보면 2018년에 상승추세가 꺾여 하락 추세로 전환됨을 알 수 있다. 다른 경제상황 등을 고려해야 하지만, 인구만 고려했을 때는 정확히 일치한다.

〈그림 3.3〉을 보면 2018년 이후 45~49세 인구가 서서히 하강하다가 2060년 즈음에는 1990년 인구로 회귀하는 것을 알 수 있다. 마치 정상을 오른 후에 경사가 심한 산을 내려오는 모습이다. 산을 하산할 때는 기분이

---

7) 개인의 인생 주기에 따른 지출의 형태 변화에 따라 달라지지만 인구통계학에 따르면 전형적인 가정은 가장 (가구주)이 만 46세일 때 가장 많은 돈을 소비한다.

상쾌하지만 인구가 감소하는 것은 그리 반가운 일은 아니다. 소비의 주체가 되는 40대 중후반 계층의 감소가 경제둔화로 이어질 수 있기 때문이다.

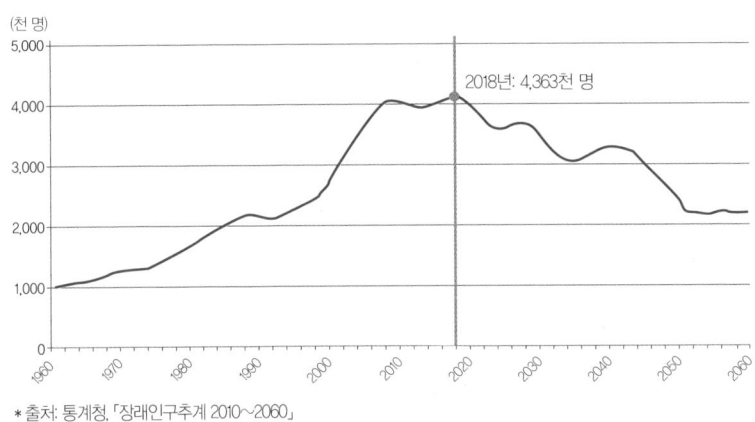

* 출처: 통계청, 「장래인구추계 2010~2060」

그림 3.3 100년간(1960~2060년) 45~49세 인구 추이

　해리 덴트는 인구절벽의 위험성에 대한 경고와 동시에 이런 상황을 타개할 대책을 제시한다. 단기대책은 향후 20년 안에 퇴직 연령을 75세로 늦추는 것, 장기대책은 출산장려정책으로 출산율을 제고하는 것이다.

　우리나라에서도 이와 유사한 것을 찾을 수 있다. 단기대책으로는 노동시장에서 핫 이슈인 임금피크제, 장기대책으로는 저출산고령사회위원회에서 제시한 '제3차 저출산·고령사회 기본계획(2016~2020) 브릿지 플랜 2020'이 있다. '브릿지 플랜 2020'은 범 정부차원에서 모든 세대가 함께 행복한 지속발전사회를 구현한다는 비전으로 '아이와 함께 행복한 사회(2020년 합계출산율 1.5명 달성)', '생산적이고 활기찬 고령사회(2020년 노인빈곤율 39% 달성)'를 장기 목표로 하는 교두보가 될 것이라는 의미에서 붙여진 이름이다.

부국의 인구병

통계청의 '세계와 한국의 인구현황 및 전망'에 따르면 2015년부터 2060년 사이에 생산가능인구 비중이 증가하다 감소하는 국가는 68개국 (33.8%)이며, 한국의 생산가능인구 비중은 2015년 10번째에서 2060년 199번째로 낮아질 것으로 전망되었다.

인구학에서는 생산가능인구 비중이 감소하고 유소년, 고령층의 부양대상 인구가 증가하는 것을 '부국의 인구병'이라고 한다. 여기서 부국이란 국내총생산(GDP)이 4만 달러 이상인 나라를 말한다. 보통 스웨덴, 덴마크, 노르웨이의 북유럽 국가와 프랑스, 독일, 영국 등 선진 유럽 국가 등이 부국의 인구병을 겪고 있다.

부국의 인구병은 산업화와 국민소득이 매우 높아진 상태(4만 달러 이상)에서 발생하는데 정작 우리나라는 3만 달러 문턱에서 이러한 인구병을 앓고 있다. 〈그림 3.4〉의 왼쪽 그래프는 14세 이하, 15~64세(생산가능인구), 65세 이상(고령층)의 인구 비중의 변화를 나타낸 것이고 오른쪽 그래프는 생산가능인구 백 명당 노인을 부양하는 노년부양비, 유소년을 부양하는 유소년부양비를 연도별로 나타낸 것이다.

왼쪽 그래프를 보면 생산가능인구가 2010년에 정점을 찍고 하락으로 접어들어 고령층 비율은 증가하고 유소년층은 감소하는 것을 알 수 있다. 2010년대의 유소년층, 생산가능인구, 고령층 비율이 16.1%, 72.8%, 11.0%라면 2060년에는 10.2%, 49.7%, 40.1%로 변화될 것으로 예상했다. 2010년대까지는 65세 이하 인구비율이 90%대이며 그 이후부터 서서히 감소해 2060년에는 60% 정도이다. 이는 65세 이하의 인구 30% 정도가 고령층으로 이동함을 의미하며 고령화를 뜻한다.

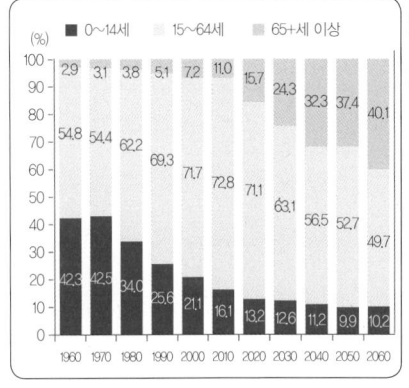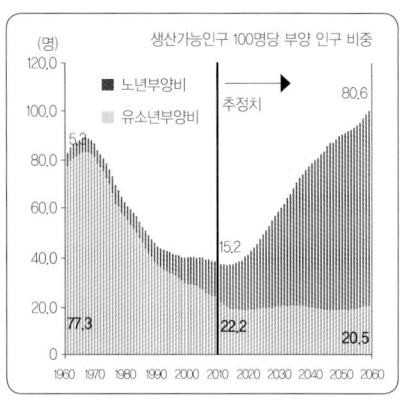

＊출처: 통계청, 「장래인구추계 2010~2060」

그림 3.4 연령 계층별 인구구성비와 노년·유소년부양비 비중 추이

오른쪽 그래프는 더욱 희망적이지 못하다. 생계를 책임지는 생산가능 인구가 부양해야 하는 인구 비중이 점진적으로 커지는 것을 볼 수 있다. 2010년에 생산가능인구 100명당 유소년 22.2명, 노인 15.2명 정도를 책임 진다면, 2060년에는 유소년 20.5명, 노인 80.6명을 책임져야 한다. 이는 샌드위치 세대가 총 101.1명을 부양해야 한다는 것을 의미하는데 가장의 어깨가 그만큼 무거워짐을 나타낸다.

세계적인 석학 피터 드러커는 "미래사회는 고령 인구의 급속한 증가와 함께 진행되는 젊은 인구의 감소로 인해, 누구도 상상할 수 없는 엄청나게 다른 사회가 될 것이다"라고 말했다. 이 말이 어느 나라보다 현실로 빠르게 다가오는 나라가 바로 한국일 것이다.

한국은 다른 국가와 비교할 수 없는 고령화 속도를 보이는 유일한 나라이다. 〈그림 3.5〉에서도 확인할 수 있듯이 고령화의 기울기가 세계 추세와는 사뭇 다르게 가파른 상승세를 보인다. 이런 추세로 간다면 2060년에는 10명 중 4명이 노인인 노인사회, 노인국가가 될 것은 자명하다.

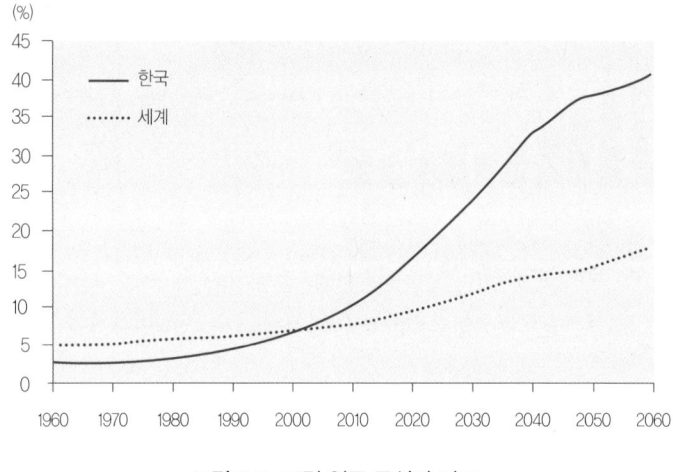

그림 3.5 고령 인구 구성비 비교

이를 증명이라도 하듯 영국 옥스퍼드대학교의 데이비드 콜먼(David Coleman)[8] 박사는 OECD 국가 중 한국이 2305년에 첫 번째로 세계지도에서 사라질 것이고, 2006년 1억 3천만 명을 정점으로 인구가 감소하고 있는 일본이 두 번째로 지도에서 사라질 것이라고 예측한 바 있다.

---

8) 각국의 출산장려운동 37년 역사에서 출산을 위한 재정정책의 효과가 미비했다는 분석으로 유명하다. 그는 국민들에게 출산과 민족보존의 중요성을 알리는 홍보만이 효력이 있다고 말했다.

또한 한국행정연구원 서용석 연구위원에 따르면 인구구조의 변화는 그 추세가 쉽게 바뀌지 않는 불가역성의 속성이 강하므로 변수가 아닌 상수로 가정해야 한다고 했다. 이는 한 번 시작하면 쉽게 되돌리기 힘들다는 특성을 의미한다. 노인국가로 변모하는 상수를 변수로 탈바꿈하는 정책 묘안이 시급하다.

표 3.3 주요국가 고령 인구 구성비

(단위: %)

구 분	국 가	1960년 (A)	2015년 (B)	2030년 (C)	2060년 (D)	증 감 (B-A)	(D-B)	정점 연도
계속 증가	중국	4.0	9.5	16.2	28.1	5.5	18.6	
	인도	3.1	5.5	8.2	15.6	2.4	10.1	
	미국	9.1	14.7	20.2	22.4	5.5	7.7	
	인도네시아	3.6	5.4	9.2	17.4	1.8	12.0	
	한국	2.9(152위)	13.1(51위)	24.3(15위)	40.1(2위)	10.2	27.0	
증가 후 감속	러시아	6.1	13.2	18.1	22.2	7.1	9.0	2057년
	일본	5.7	26.4	30.7	36.9	20.7	10.5	2055년
	독일	11.4	21.4	28.2	33.2	10.0	11.7	2055년
	이탈리아	9.5	21.7	26.8	32.2	12.2	10.5	2050년
	스페인	8.2	18.3	24.1	33.7	10.1	15.4	2052년
감소 후 증가	나이지리아	2.8	27	2.8	4.3	-0.1	1.6	
	북한	3.2	9.5	12.2	20.9	6.3	11.3	
	카메룬	3.6	3.2	3.4	6.8	-0.4	3.6	
	니제르	1.1	2.6	2.7	2.8	1.5	0.2	
	부르키나파소	2.3	2.4	2.7	5.3	0.1	2.9	

＊ 출처: 통계청(2015), 「세계와 한국의 인구현황 및 전망」
＊ 주1: 2015년 기준 인구규모가 큰 국가(지역) 순위임
＊ 주2: 괄호 안 숫자는 세계 국가 중 한국의 고령 인구 구성비 순위임

밑이 위태로운 항아리 인구

인구통계학에서 가장 재미나고 다양한 인구정보를 나타내는 그래프가 있다. 바로 인구피라미드인데, 인구구조를 표현하거나 시간별 남녀 인구구조를 표현할 때 즐겨 사용하는 그래프이다.

시간별 인구구조 변화를 쉽게 이해할 수 있는 정보력이 탁월한 도표로, 요즘에는 인구 인포그래픽도 사용하는데 한 번쯤은 뉴스나 신문 잡지를 통해서 봤을 것이다.

통계청의 장래인구추계를 활용해 100년간(1960~2060년)의 인구 비율을 인구피라미드 그래프로 그려 보면 〈그림 3.6〉과 같다. 그래프의 전체 윤곽은 점차적으로 밑이 위태로운 항아리 형태로 변모하는 것을 볼 수 있다. 이는 저출산과 고령화를 여실히 보여주는데 태어날 신생아는 줄어들고 수명연장으로 고령층이 늘어나면서 밑이 얇고 위가 두툼한 항아리 형태가 되는 것이다.

베이비붐세대(1958~1963년생), 에코세대(1979~1990년생) 등으로 인구 붐(boom)을 일으킨 해도 있었고 밀레니엄 베이비 등 출산이 유행한 시기도 있었다. 하지만 이런 유행도 잠시, 미래의 한국 인구피라미드는 밑이 서서히 작아지고 윗부분이 뭉쳐져 사라져가는 전형적인 저출산·고령화 양상이 보이고 있다.

이런 추세로 간다면 2305년에 한국이 없어진다는 연구결과가 황당한 경고가 아님을 알 수 있다. 우리나라 사회학자나 인구학자들도 이런 비슷한 연구결과로 목소리를 높이고 있다.

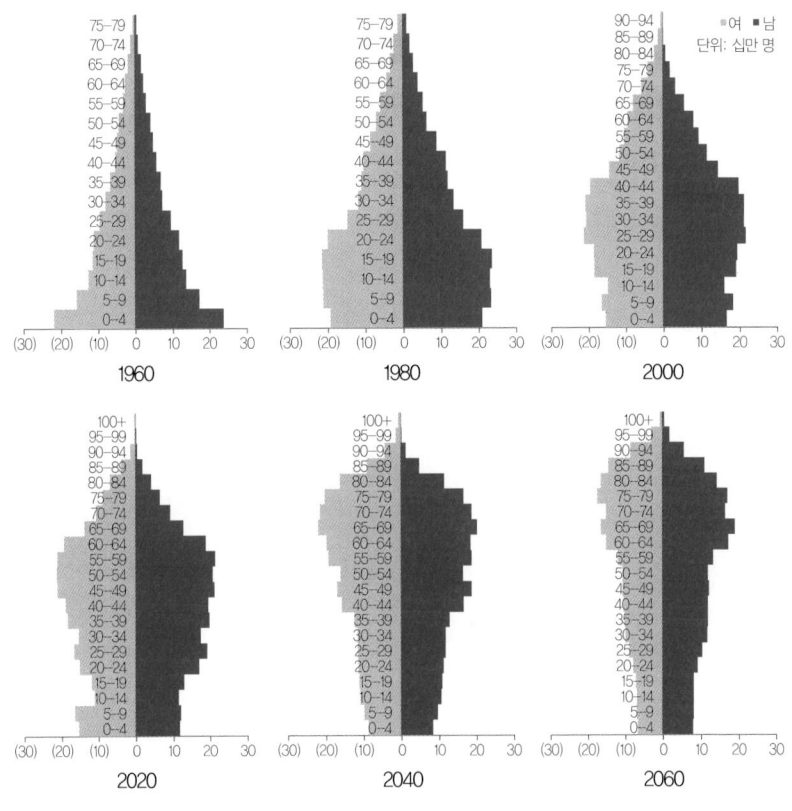

그림 3.6 20년 간격으로 살펴본 인구피라미드

인구 보너스(Bonus)와 인구 오너스(Onus)

한국은 1990년대 초반까지 모든 계층에서 인구가 증가하는 시대를 맞이했다. 하지만 2000년대에 들어서는 65세 이상을 제외한 모든 계층에서 인구가 감소하는 시대로 탈바꿈하였다.

특히 생산가능인구, 소비가능인구 등이 감소해 내수시장 불안 등이 연일 매스컴에서 사회문제로 회자되고 있다.

응답하라 인구 보너스

유소년층과 고령층의 비중이 감소하고 생산가능인구의 비중이 커지면서 경제의 고성장이 가능한 상태를 '인구 보너스'라고 한다. 〈그림 3.7〉은 통계청의 장래인구추계 자료를 활용해 계층별로 그린 그래프인데 1960~1990년까지는 모든 계층이 인구성장을 보이고 있다. 하지만 이런 인구증가 시기는 1990년대 초반까지다.

우리나라는 1990년대 중반까지 압축성장을 통해 모든 부문에서 빠른 성장을 보여 왔으며, 1988년 서울올림픽 개최 등을 통해 세계가 주목하게 되었다. 빠른 경제성장으로 아시아의 네 마리의 용으로 불리며 국민소득 2만 달러 달성을 조기에 이룩했다. 모 언론사에 실린 인구절벽에 대한 창간 기획에 따르면 1970~2011년에 한국의 연평균 실질성장률이 7.2%에 달할 수 있었던 데는 풍부한 인적자본이 바탕이 됐다는 의견들이 많다고 한다. 2006년에는 20-50클럽(국민소득 2만 달러, 인구 5천만 명 이상)에 일곱 번째로 가입해 우리나라의 저력을 세계에 보여주었다.

하지만 앞으로 다가올 미래는 모든 계층에서 인구가 감소할 것이라는 분석결과가 대부분이고 〈그림 3.7〉에서도 확인이 가능하다. 이는 인적자본의 바탕이 흔들리고 있음을 시사한다. 예전의 영광을 위해서 '응답하라! 인구 보너스 시대'가 그리울 따름이다.

미래에는 암울한 인구 오너스 도래

인구 보너스와 반대의 개념인 '인구 오너스'는 가까운 미래 생산가능인구가 줄어들고 부양해야 할 노인인구가 증가하면서 점차적으로 경제성장이 지체되는 현상을 말한다. 생산가능인구는 소비가능인구와 연관이 깊으며 이 인구가 줄어들면 자연히 소비가 정체되고 경제성장이 둔화된다.

〈그림 3.7〉에서 볼 수 있듯, 2015~2020년에는 모든 계층이 인구 감소의 길로 접어들 것으로 전망된다. 생산가능인구가 1% 증가할 때 1인당 실질 GDP는

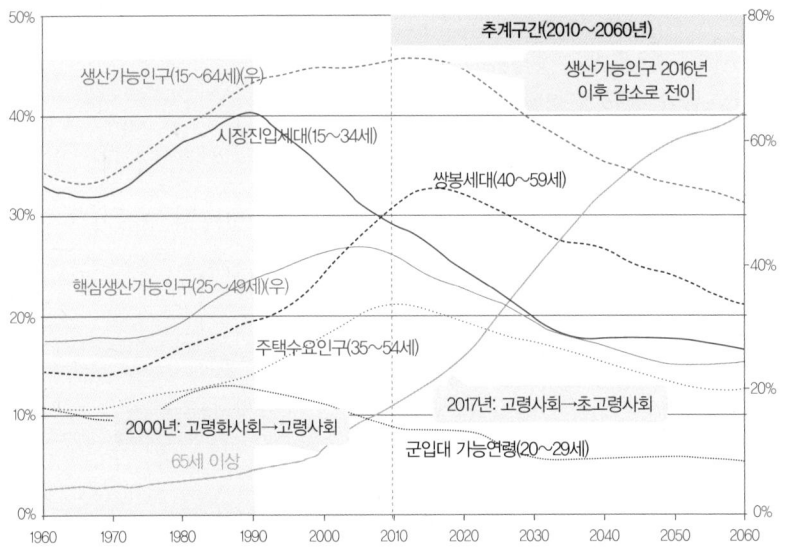

* 출차: 통계청, 「장래인구추계 1960~2060」
* 주1: 생산가능인구(15~64세), 핵심생산가능인구(25~49세), 시장진입세대(15~34세), 쌍봉세대(40~59세), 주택수요인구(35~54세), 군입대 가능연령(20~29세), 65세 이상 인구/ 주택수요인구, 군입대 가능연령은 개인차가 있겠지만 전문가들의 평균치를 고려한 것이다. 우리나라 인구를 0~100세까지 그려보면 높은 두 봉우리가 나타나는데 그 연령대가 40, 50대이다. 쌍봉세대는 이 두 세대를 총칭하는 용어이다.
* 주2: '우' 표시는 우측 좌표 비율 참조

그림 3.7 한국 인구 트렌드 100년

0.08%p 상승하고, 고령자 인구가 1% 증가할 때 1인당 실질 GDP는 0.041%p가 하락한다고 IMF(2005)[9]는 분석했다. 또한 국회예산정책처에서 취업인구의 고령화로 인한 생산성 하락을 반영해 예측한 우리나라 국내총생산 증가율은 2010년대 평균 3.4%에서 점차 낮아져 2020년대 2.0%, 2030년대 1.2%를 기록한 후, 2040년대에는 0.8% 수준까지 떨어질 것이라고 내다봤다.

〈그림 3.7〉로 판단해 본다면 우리나라의 미래는 인구 하락에 가깝다고 판단할 수 있다. 이러한 미래를 증명이라도 하듯, UN 인구부에서는 한국의 생산가능인구 증감률을 마이너스 성장으로 내다봤다(〈그림 3.8〉 참조). 이는 해리 덴트가 경고한 인구절벽 연도인 2018년 이후에 더욱 현실로 다가올 가능성이 크다.

〈그림 3.8〉은 세계와 한국의 생산가능인구 증감률을 비교한 것이다. 세계 평균은 대체로 완만한 증감을 보이는 반면, 한국의 생산가능인구는 2014년 73.6%를 기록할 정도로 가파르게 증가하다가 다시 급격하게 감소해 세계 평균에 크게 미치지 못하는 인구오너스 상태로 진입하는 모습을 보여주고 있다.

생산가능인구의 오너스 시대는 글로벌 현상이다. 이러한 동일한 조건에서 상황에 맞는 현명한 대처를 취해야만 글로벌 경쟁에서 살아남을 수 있다. 우리나라가 경쟁력을 갖추기 위해서는 선택과 집중이 필요하다.

---

9) J.O. Martins(2005), "The impact on demand, factor market and growth of ageing". OECD Economic Working Paper, No.420.

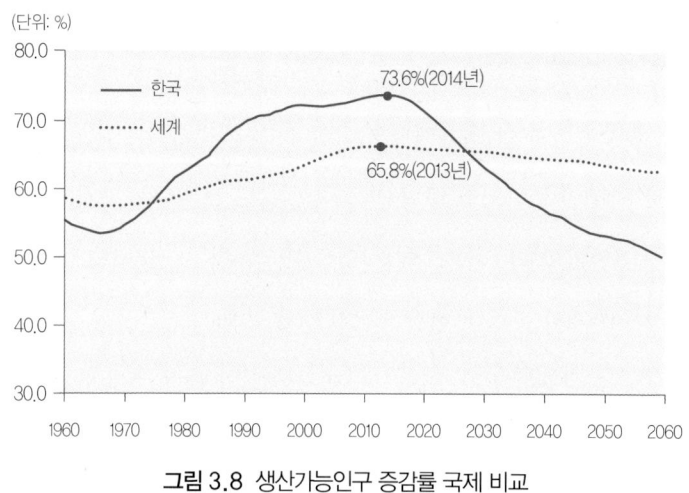

(단위: %)

그림 3.8 생산가능인구 증감률 국제 비교

인구 오너스를 타개하라

인구 감소 현상을 기회로 보는 이들도 있다. 즉, 인구의 양보다 질을 향상하는 정책을 펼쳐 위기를 기회로 바꿀 수 있다는 것이다. 생산가능인구 감소가 반드시 저성장으로 이어지는 것은 아님을 보인 대표적인 나라가 독일과 영국이다. 인구 오너스에 직면하면서도 이를 타개해 나가는 국가들의 슬기로운 정책들을 주목할 필요가 있다.

독일은 1994년 최저출산율 1.24명으로 인구증가율이 1%대 아래로 머물던 나라였다. 하지만 2003년 이후 이른바 '하르츠개혁'을 추진해 강도 높은 노동개혁과 구조조정으로 성장세가 꺾이지 않고 있다. 그렇게 독일은 유로존(유로화 사용국가) 전체 성장률이 0%대에 머무는 중에도 유일하게 1%대 성장세를 유지하고 있다. 특히 독일 앙겔라 메르겔(Angela Merkel) 총리는 이러한 성장세를 견고히 유지한 채 개혁 정책에 강력한 드라이브를 걸고 있다. 2015년 포브스 선정 '세계에서 가장 영향력 있는 여성 1위'를 차지한 바 있는데, 10위권 안에 든 여성은 단 2명(미국 연방준비제도이사회 의장 재닛 옐런과 앙겔라 메르켈)이었다.

영국도 1980년대 마거릿 대처 전 총리의 강도 높은 구조조정으로 경제를 반등시킨 경험이 있다. 국가 기간산업을 민영화하고 정리해고를 단행하여 1983년 9월에 채산성 없는 탄광의 폐쇄를 통고해 구조조정을 강행했다. 구조조정에는 늘 진통이 있기 마련이다. 대처 정부의 탄광 폐쇄 조치로 일자리를 잃은 수만 명의 광부들의 아픔을 그린 영화가 제작되기도 했다. 하지만 이러한 구조조정으로 위태롭던 영국 경제는 되살아났다. 마거릿 대처의 구조조정이 성공을 거두자 뉴질랜드, 아일랜드가 뒤이어 대처의 방식을 채택했으며 OECD는 이 과정을 지켜보면서 가입국들에게 대처의 길을 따르도록 권고하기도 했다. 독일과 영국의 개혁 핵심은 채산성 없는 산업과 기업의 강도 높은 구조조정이다. 즉 선택과 집중인 것이다.

출산율은 얼마나 올라갈까

우리나라가 서양과 유사한 출산장려정책을 도입한다면 얼마의 출산율 제고를 보일까? 각 나라의 문화나 사회구성 형태에 따라 정책은 사회에 다르게 도입되고 반영되기 마련이지만 목표는 출산율 제고로 일치한다.

각국마다 출산장려정책을 펼쳐 안전선 1.5[10]를 넘어선 경우가 많다. 그렇다면 각국마다 출산율 최저점을 일치시켜 선행적으로 최저점을 탈출한 나라들을 영향변수로, 우리나라 출산율을 반응변수로 두고 통계적 방법[11]

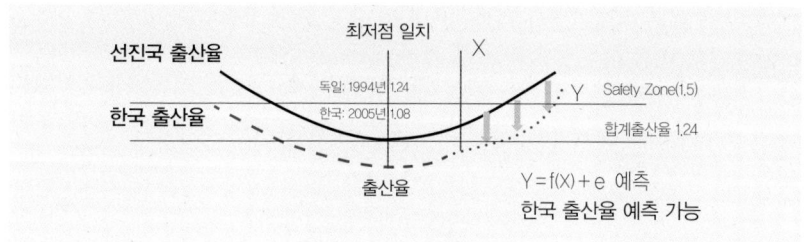

그림 3.9 한국 출산율 예측 방법

을 적용한다면 미래에 출산율이 얼마나 오를지 예측할 수 있다.

〈그림 3.9〉를 보면 출산율 최저점을 경험한 국가의 출산율은 현재 안전선 위쪽에 위치하고 있다. 하지만 우리나라는 지금 초저출산국가이면서 1.23에 머물고 있다. 1.5 안전선보다 훨씬 아래에 위치하고 있다. 〈그림 3.9〉 점선 부분의 값을 예측하려면 선진국 출산율을 활용해서 찾을 수 있다.

〈그림 3.10〉과 〈그림 3.11〉은 5개국의 출산율과 최저점을 일치시킨 후의 출산율 추이이다. 〈그림 3.10〉에서 프랑스, 독일은 각각 1993년 1.66명 1994 년 1.24명으로 출산 최저점을 찍은 후 상승하고 있다. 스웨덴은 1999년 1.50명

---

10) 호주 인구학자 피터 맥도널드(Peter McDonald)는 합계출산율이 2.1일 때를 인구대체 출산율(replacement level fertility)이라고 하고 합계출산율이 1.5일 때는 인구대체 안전선(safty zone)이라고 했다. 이 안전선은 미래의 노동력을 이민 등의 정책으로 보완할 수 있는 최소 출산율이다. 이 기준에 따르면 우리나라는 인구대체 안전선 아래에 머무는 저출산의 덫에 빠져 있는 국가라고 할 수 있다.

11) 어떤 사회현상이 발생되는 원인이 무엇인지를 규명하는 방법이다. 흔히 회귀분석(regression analysis)이라고 한다. 회귀(regression)란 용어는 19세기 프랜시스 갤턴(Francis Galton)이 키가 큰 선대 부모들이 낳은 자식들의 키가 점점 더 커지지 않고 다시 평균 키로 회귀하는 경향을 보고 발견한 개념이다. 회귀분석은 기본적으로 하나 이상의 독립변인 (예측변인, 설명변인 등)이 한 단위 변할 때, 종속변인(결과변인)이 얼마나 변할 것인지를 알아보는 것이다. 회귀분석에서 얻어진 결과는 사회학에서 인과적 의미를 가지며 이것은 독립변수가 한 단위에서 증가한다면 종속변수는 많은 단위에서 평균적으로 증가할 것이라는 사실을 말한다. 예를 들어 교육년수가 독립변인이고 종속변인이 소득이라면 회귀분석에서 기울기가 500으로 얻어지고 교육년수의 1년 증가는 소득의 500만큼의 추가를 가져온다는 것을 의미한다.

으로 출산 최저점을 보였다. 이에 반해 한국은 2005년에 1.08명으로 초저출산 국가로 전락한 이후, 최근 1.23명을 이어오고 있다. 미국은 1976년에 1.74명으로 출산 최저점을 찍은 후 상승해서 1.9~2.0명을 유지하고 있다.

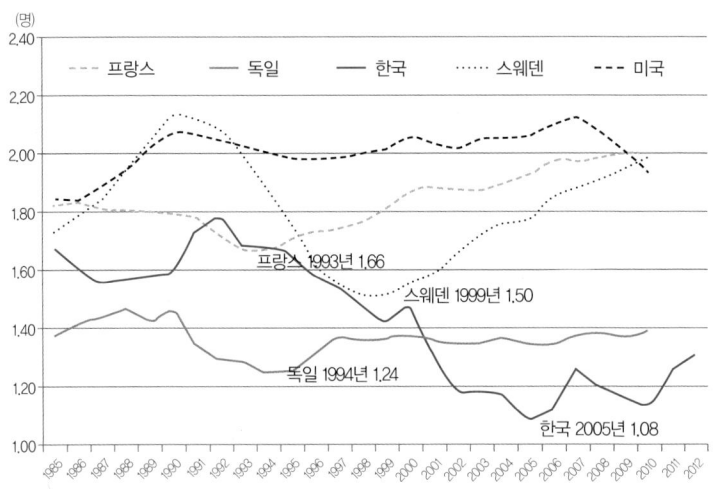

* 주: 미국의 출산율은 1976년에 1.74가 최저점

그림 3.10 각국의 출산율과 최저점 연도

〈그림 3.11〉은 이러한 최저점들을 일치시킨 후의 추이다. 그래프를 보면 대략 비슷한 양상을 보이는 것을 알 수 있다. 통계적인 방법으로 도출해낸 결과는 〈그림 3.11〉과 같다.

출산율은 2020년대 초반에 최소 1.26명, 최대 1.45명으로 도출된다. 이는 1.5 안전선 근처로, 현재 수준보다는 높다는 것이 희망적이다. 출산장려 정책의 효과라고 하기에는 좀 미약한 수준이지만 출산율이 한 번 떨어지면 오르기 쉽지 않다는 것을 감안한다면 희망적인 수치이다.

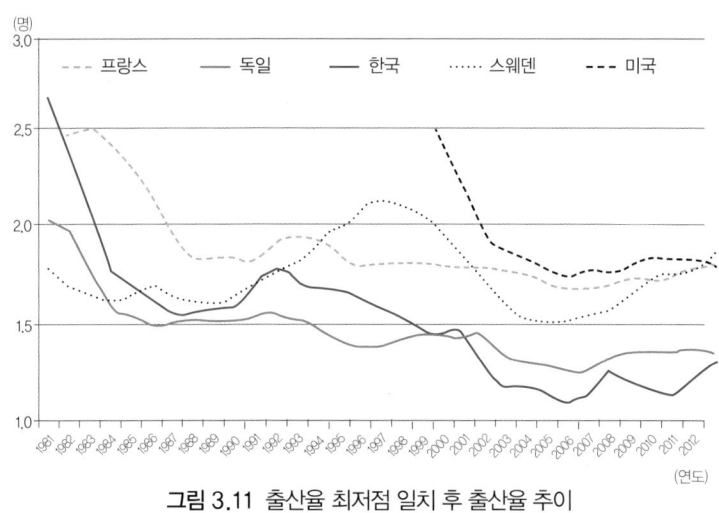

그림 3.11 출산율 최저점 일치 후 출산율 추이

표 3.4 선진국 출산율 추정 결과

(단위: 인구 천 명당)

국가	2013년 합계출산율	예상 합계출산율		상승률(2013년 대비)
프랑스		2022년	1.45	0.26 ↑
독일	1.19	2021년	1.39	0.20 ↑
스웨덴		2016년	1.38	0.19 ↑
미국		2024년	1.26	0.07 ↑

가구 트랜스포머에 따른 미래 가구 유형

영화 트랜스포머가 큰 흥행을 거두었다. 마이클 베이 감독의 상상력도 감탄할 부분이지만 관객들은 자동차가 로봇으로 변신해 펼치는 다양한 볼거리를 통해 재미를 만끽했을 것이다.

가구 트랜스포머

가구(house)도 가구주 형성에 따라 로봇처럼 다양한 유형으로 변한다. 싱글(single)인 남녀가 결혼하면 부부가 되고 이 중 경제적인 책임을 지는 사람이 가구주(household)가 된다. 싱글 가구주에서 부부 가구주로 변하는 것이다. 시간이 흘러 자녀가 태어나면 '부부+자녀'의 가구주가 된다. 인구학에서는 가구주가 변하는 것을 가구주 지위(position)가 변한다고 한다.

가장 기본적인 가구주 지위는 '부부가구', '부부+자녀가구', '1인가구', '편부모(한부모)가구', '기타 가구', '시설가구'의 6개이다. 1인가구로 시작해 결혼하면 부부가구를 형성하고 자녀가 태어나면 부부+자녀가구, 직업상 이유나 이혼 등으로 형성된 편부모(한부모)가구, 기타 가구가 있으며 나이 들어 요양원이나 기숙시설로 들어가면 시설가구가 된다. 즉, 1인가구 → 부부가구 → 부부+자녀가구 → 편부모가구 → 1인가구의 생애주기를 거친다. 이처럼 가구주 한 명이 다양한 가구주 지위를 경험하게 되는데 이는 트랜스포머와 유사하다.

〈그림 3.12〉는 통계청에서 제공한 장래가구추계 결과이다. 이 자료에 따르면 1인가구, 부부가구는 증가하는 반면 부부+자녀가구는 감소하고 2020년에는 부부+자녀가구와 1인가구의 전체 비중이 역전되는 것을 알 수 있다. 바야흐로 1인가구가 대세인 시대가 도래할 것이다.

글로벌 가구유형 변화

2009년 12월, '2030년 미래 가족(Families to 2030)'이라는 프로젝트가 OECD 국제미래 프로그램(IFP: International Futures Programme)에서

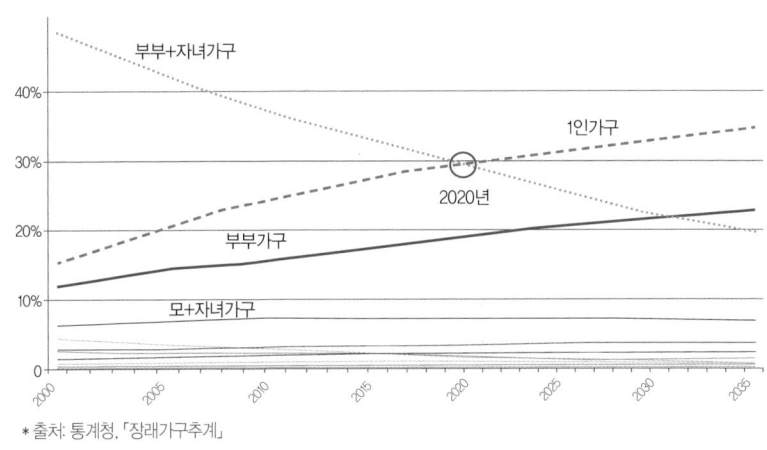

＊출처: 통계청, 「장래가구추계」

그림 3.12 우리나라 장래가구추계(2010∼2035년)

발족되었다. 프로젝트의 목적은 2030년에 지구상의 가족(family) 형태가
어떻게 변모될 것인가를 예측하는 것이다. 보고서에 따르면 1980년 중반
OECD 가입국 평균 가구원수는 2.8명이었으나 2000년에는 2.6명 수준으
로 떨어졌다. 대가족에서 핵가족으로 변화하고 있음을 보여주고 있다.

이 프로그램의 결과보고서는 1인가구, 편부모가구, 부부가구, 부부+자
녀가구 등 미래가구유형의 변모를 소개하고 있다. 1인가구는 프랑스, 부부
가구는 한국, 편부모가구는 뉴질랜드, 부부+자녀가구는 미국이 증가율 1위
로 전망됐다. 특히 일본은 부부+자녀가구가 일찍이 해체되어 핵가족화되
었고(부부+자녀가구 27% 감소), 부부가구가 72%의 성장률을 보이고 있는
한국은 저출산 덫에 빠졌음을 증명한다.

특히 일본은 부부가구와 부부+자녀가구가 감소하고 편부모가구는 증가
하는 추세이다. 이런 추세는 결혼이 늦춰지는 만혼, 결혼을 하지 않는 생애

미혼율이 높다는 것을 의미하며 황혼이혼(20년 이상 결혼을 지속하다 이혼)의 증가 경향을 보여준다.

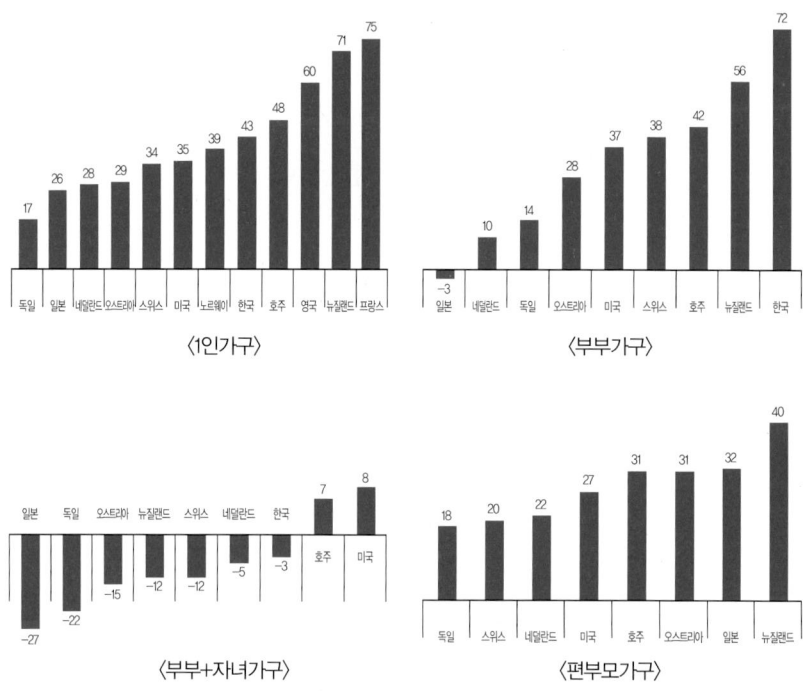

* 출처: OECD(2012), 「2030년 미래 가족(The Future of Families to 2030)」

그림 3.13 국가별 미래 가구유형 증가속도 비교

인구사회학 전문가들은 일본의 이러한 모습이 10~15년 뒤의 한국의 모습이 될 가능성이 높다고 한다. 즉, 미혼 증가와 황혼이혼의 비율이 점진적으로 높아지는 사회가 될 수 있다는 것이다. 최근 결혼·취업·출산을 포기하는 삼포세대의 증가와 20년 사이 황혼이혼의 비율이 14배 증가했다는 보도 등을 본다면 이런 사회화가 머지않았음을 알 수 있다.

홀로되는 외로움 그냥 받아들이기에는

홀로된다는 것은 두 가지 의미가 있다. 하나는 고독(solitude)의 의미이고 다른 하나는 외로움(loneliness)의 의미이다. 얼핏 보기에는 비슷한 것 같지만 고독은 자기 발전이나 미래의 고민이 있을 때 자기만의 성장을 위해 혼자가 되는 것을 말하며 외로움은 사회 인적네트워크에서 혼자되는 것으로 구분된다. 회사생활을 오래하고 은퇴를 맞이하는 사람들 대부분은 사회 인적네트워크에서 혼자되기 쉽다.

이런 관점을 가구유형 변화에 접목시켜보자. 어느 누구나 태어나면 특별한 케이스를 제외하고 비슷한 생애주기를 맞이하게 된다. 즉 '1인 → 부부 → 부부+자녀 → 부부 → 1인'이 바로 그것이다. 이는 가구유형의 변화와 유사하다.

가구유형의 변화는 '1인 → 부부 → 부부+자녀 → 부부 → 1인'으로 이어지는 것이 일반적이다. 나이가 들면 배우자 사망으로 싱글이 되어 가족안전망까지 상실하고 만다. 뉴스에서 연일 다루고 있는 독거노인의 고독사는 대부분 가족안전망 상실에서 일어난다.

이러한 암울한 미래를 그대로 받아들어야만 하는가? 그렇지 않다. 타개할 수 있다. 은퇴에 대해 체계적으로 설계하면 은퇴 이후 평안한 노후를 맞이할 수 있다. 2000년대에 은퇴설계가 한창 인기를 모았는데 지금도 이 열기는 이어지고 있다. 은퇴설계는 크게 두 부문을 강조하고 있다. 하나는 자산(자신이 가지고 있는 재산)의 재무적인 설계이고 또 다른 하나는 건강, 견실한 사회 관계망 형성, 평생학습 등 비재무적인 설계이다. 지금 젊은층에게는 먼 이야기지만 지금부터 준비한다면 평안하고 외롭지 않은 노후를 맞이할 수 있다.

나홀로족이 대세

싱글족, 생애미혼, 독거노인, 황혼이혼, 돌싱 등의 공통점은 '혼자'라는 것이다. 특히 요즘 핵가족화와 취업, 학업 등으로 1인가구가 증가하고 있으며 이런 증가는 세계적인 흐름이다. 1인가구가 증가하면 어떤 사회가 펼쳐질까? 사실 이런 질문의 답은 주변에서 이미 보이고 있다. 1인 전용식당, 1인 미용실, 1인 노래방, 마트 판매제품의 낱개포장 등이 바로 그것이다.

이런 환경적 변화에 따라 기업들도 다양한 판매채널을 구축하고 있다. 예전 생산이 소품대량생산이었다면 지금은 다품소량생산이다. 즉 1인가구의 1인 취향에 맞는 상품이 경쟁력을 가진다는 것이다.

2015년 대한민국의 1인당 연간 편의점 방문 횟수는 61회라고 한다. 1년 중 2달은 편의점에 방문한다는 것이다. 적지 않은 횟수이다. 전문가들은 1인가구를 위한 간편식과 다양한 용품들로 방문 횟수가 증가할 수밖에 없다고 말한다. 일본의 편의점 시장이 100조 원대라고 보도된 적도 있다. 그만큼 1인가구를 타깃으로 한 시장의 성장세가 무서울 정도다.

요즘 대형마트에 가면 식품들의 낱개포장을 쉽게 볼 수 있다. 불과 몇 년 전만 해도 이런 낱개포장은 구경할 수 없었다. 1인가구 증가가 식품 진열에도 영향을 미친 것이다. 부동산 동향도 소형아파트와 원룸 등이 대세다. 부부+자녀가구가 감소하고 부부가구, 1인가구가 증가함으로써 이들의 주택 수요를 충족하기 위해서는 대형아파트보다 소형과 원룸이 답인 것이다. 아파트 분양을 살펴보면 대형보다 소형 아파트의 청약률이 높고 원룸은 조기에 마감된다.

흔히 1인가구를 나홀로족이라고도 하는데, 나홀로 삶을 살고 나만의 시간을 보낸다는 의미일 것이다. 1인 식당, 1인 술집, 1인 미용실, 1인 노래방 등 새로운 문화공간이 창출되고 있다. 나홀로족을 위한 맞춤형 서비스와 문화 콘텐츠가 증가하고 있다. 혼밥(혼자 먹는 밥), 혼술(혼자 마시는 술) 문화는 더 이상 낯선 풍경이 아니다.

인구의 힘을 가진 미래 강국

'인해전술', '값싼 노동력', '13억 명 인구', '만리장성' 등 수많은 수식어를 가진 나라가 바로 중국이다. 이 단어 모두 '인구의 힘'을 보여주고 있다. 경제 성장의 가장 큰 밑거름은 값싼 노동력 확보이며, 노동력 확보를 위한 필수 요건은 인구이다. 하지만 UN은 2015년에 중국의 인구가 가장 많으나 2028년이 되면 인도 인구가 더 많아질 것으로 전망했다. 2060년에는 그 차이가 약 4억 명(인도 약 17억 명, 중국 약 13억 명)에 달한다는 분석결과를 내놓았다.

5대 인구강국 판도 변화

세계 대륙별 인구 구성비를 살펴보면 2015년 기준으로 아시아 59.9%, 아프리카 15.9%, 유럽 10.1%, 라틴 아메리카 8.6%, 북아메리카 4.9%, 오세아니아 0.5%이다. 2060년이 되면 유럽과 아시아의 인구감소와 아프리카의 인구성장이 두드러질 것이다. 즉 '2저(유럽, 아시아) 1고(아프리카)' 현상이라고 할 수 있다.

인구 비중으로 알 수 있듯 인구 강국은 단연 중국과 인도이다. 또한 시간이 지남에 따라 아프리카의 인구 비중이 높게 나타나는 반면 유럽의 인구비중은 서서히 줄어들고 있다.

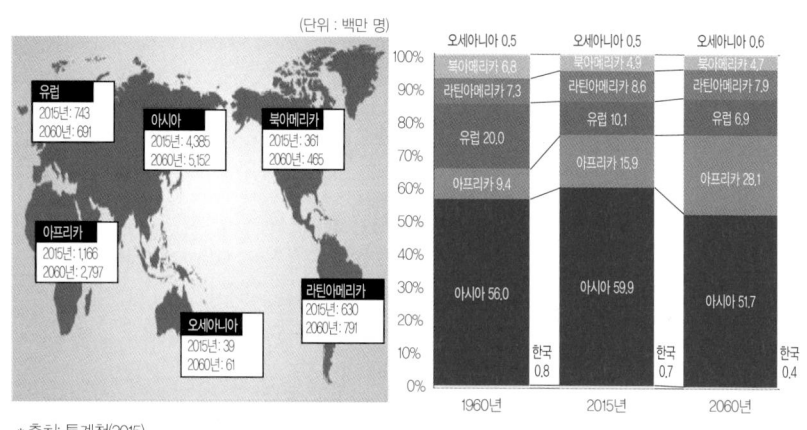

＊출처: 통계청(2015)

그림 3.14 대륙별 인구와 인구 구성비

〈표 3.5〉의 UN의 장래인구추계에서 살펴보면 1950년 5대 인구강국은 중국, 인도, 미국, 러시아, 일본이었으며, 2015년에는 러시아, 일본 대신 인도네시아와 브라질이 들어왔다. 2050년에는 인도, 중국, 나이지리아, 미국, 인도네시아 순으로 예상되며 2100년에는 인도네시아 대신 콩고가 순위에 진입할 것으로 예상하고 있다.

1950년대에는 4개의 유럽 국가들이 인구강국 Top 10에 속했으나 2015년 이후는 어떠한 국가도 포함되어 있지 않으며 5개의 아프리카 국가가 그

자리를 대신한다. 또한 1950년부터 약 반세기 동안 인구강국 1위인 중국이 2028년경에는 인도에게 1위 자리를 내주는 것으로 분석했다.

표 3.5 1950~2100년 인구강국 순위

(단위: 백만 명)

국가	1950	국가	2015	국가	2050	국가	2100
중국	544	중국	1,376	인도	1,705	인도	1,660
인도	376	인도	1,311	중국	1,348	중국	1,004
미국	158	미국	322	나이지리아	399	나이지리아	752
러시아	103	인도네시아	258	미국	389	미국	450
일본	82	브라질	208	인도네시아	321	콩고	389
독일	70	파키스탄	189	파키스탄	310	파키스탄	364
인도네시아	70	나이지리아	182	브라질	238	인도네시아	314
브라질	54	방글라데시	161	방글라데시	202	탄자니아	299
영국	51	러시아	143	콩고	195	에티오피아	243
이탈리아	47	멕시코	127	에티오피아	188	니제르공화국	209

＊출처: UN(2015)

미래 인구성장의 성공열쇠는 출산율 증가

출산율이 낮아지고 사망률이 낮아지면 어떻게 될까? 당연히 인구는 감소하고 고령화가 심화될 것이다. 젊은층은 점점 줄어들고 노인층은 많아져 늙어가는 사회가 된다. 이러한 인구 위기를 극복하기 위해서는 출산율을 높이는 등 고령사회대책이 반드시 필요하다.

UN(2006)은 2005년 기준으로 31개 국가 합계출산율이 1.5 이하이며 35개 국가가 출산율을 높이기 위한 정책을 실시하고 있다고 보고했다. 특히 한국은 현재 출산율이 1.23명 수준으로 초저출산국가이며 세계 국가 중 4번째로 낮은 수준이다. 이런 추세로 간다면 우리나라의 미래 모습은 암울 그 자체이며 이러한 미래를 직면하지 않기 위해서는 출산장려정책이 시급하다.

인구학자 피터 맥도널드는 인구성장을 위해 다음의 세 가지를 제시해 주목받았다. 첫째, 부모에 대한 재정지원(Financial impact of having children), 둘째, 일과 가정 양립의 가족지원정책(workplace policy), 셋째, 모(母)가 일과 가정을 동시에 돌볼 수 있도록 하는 자녀육아정책(child care policy)이 바로 그것이다.

여러 국가들이 출산장려를 위해 위의 세 가지와 관련한 다양한 정책을 시행하고 있다. 부모에 대한 재정지원은 노르웨이, 이탈리아, 호주, 프랑스, 스웨덴, 독일, 영국 등에서 실시하고 있다. 출산 시 현금지원(cash transfer), 세금환불(tax rebate), 가족수당(family allowance), 세액공제(tax concession), 두자녀 이상 가족의 소득보충급여, 주거보조비, 주부노후보험, 세자녀 여성에 대한 정액률 급여인 육아휴직수당, 출생 후순위에 더 많은 특별급여 및 육아수당, 한자녀에 대한 수당, 자녀의 교육수당 등이 있다. 이런 여러 정책들이 각 나라에 맞게 시행되어 출산율 제고를 보이고 있다.

가족지원정책은 뉴질랜드, 캐나다, 독일, 스웨덴, 영국 등의 국가에서 시행되고 있다. 유아 교육시간과 모(母)의 근무시간 일치, 유급출산휴가(paid maternity leave), 52주간의 출산휴가, 부(父) 출산휴가제도, 근무시간·근무횟수·근무장소 등이 조정 가능한 탄력적 근무제도(flexible working), 출산·휴직 후 직장복귀(return to job)를 법으로 보장, 파트타임 고용제도 활성화 등이 있다. 자녀 육아정책은 영국, 스웨덴, 프랑스, 독일에서 집중적으로 시행되고 있다. 자녀보호바우처(child care voucher), 직장 내 보육시설 활성화, 교육수당·취학수당·전업주부 급여·보육비 보조 등을 포함한 가족 보충금 제고, 14세 미만 자녀 보육비용 2/3까지 소득공제 등 소득에 따라 차등적으로 보육지원하는 정책을 펼치고 있다.

한국도 최근 정부부처에서 머리를 맞대고 출산장려정책 '브릿지플랜 2020'을 시행했다. 그 핵심사항을 살펴보면 아래와 같다.

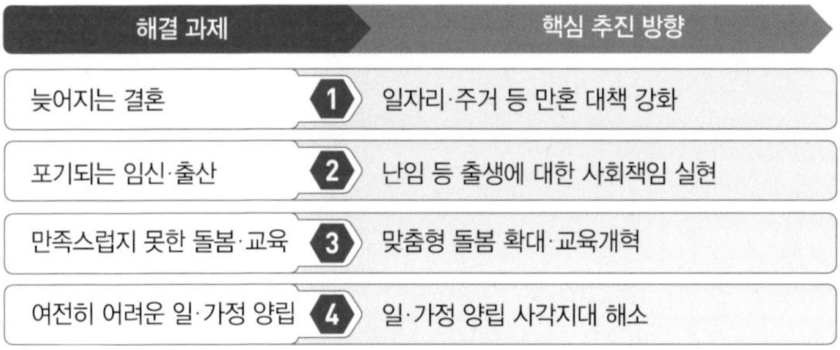

해결 과제		핵심 추진 방향
늦어지는 결혼	1	일자리·주거 등 만혼 대책 강화
포기되는 임신·출산	2	난임 등 출생에 대한 사회책임 실현
만족스럽지 못한 돌봄·교육	3	맞춤형 돌봄 확대·교육개혁
여전히 어려운 일·가정 양립	4	일·가정 양립 사각지대 해소

＊출처: 보건복지부(2015), 「출산장려정책 브릿지플랜 2020」

그림 3.15 저출산 대책 핵심 추진방향

이 정책의 보도자료[12]에 따르면 이러한 저출산 대책은 종전의 보육, 임신, 출산지원을 내실화하고 초저출산 장기화의 핵심원인인 만혼, 비혼, 취업모의 출산 기피 해소에 중점을 둔 것이라 했다. 이는 특히 일자리, 주택, 육아, 임신·출산에 대해 상세한 해결책을 제시하고 있다.

---

12) 대통령직속 저출산고령사회위원회, "인구 위기 극복을 위한 전 사회적 노력 본격화", 제3차 저출산·고령사회 기본계획(2016~2020) 브릿지 플랜 2020, 2015.12.9.

질적 성장이 중요한 인구성장

아프리카 58개국 중 52개국(89.7%)은 인구가 계속 증가할 것으로 전망되고 있으며 이 중 나이지리아, 콩고, 에티오피아의 인구 증가세가 눈에 띈다. 아프리카의 출산율이 그만큼 빠른 성장세를 보이고 있다는 것이다.

아프리카는 몇몇 나라를 제외하고는 의식주·보건·위생 등에서 많은 문제와 부족함을 보이고 있다. 국제 연합 아동 기금인 유니세프(UNICEF) 홍보 동영상을 한 번쯤 봤을 것이다. 대부분 아프리카 기아, 전쟁고아를 전면에 내세우고 환경 문제의 심각성을 드러내고 있다. 과연 이런 국가에서 출산율이 높아진다면 어떨까? 결과는 쉽게 짐작할 수 있다.

인구변천이론에 따르면 아프리카는 아직 저위 정체단계(출산율, 사망률 모두 낮은 단계)가 아니며 사망률은 서서히 감소하고 출생률은 증가하는 3단계에 속한다. 언제까지일지는 모르지만 이 단계로 진행될 것이며 4단계로 접어들기까지 장시간이 요구된다. 여기서 중요한 문제는 공중위생 등에서 많은 문제점을 가지고 있는 국가가 3단계에 속하면 인구성장의 질적 문제를 초래한다는 것이다. 공중보건·위생과 의료혁명은 사망률 감소와 기대수명 증가에 주요 요인이 된다. 이런 환경적 요인이 갖추어지지 않은 상태에서 출산율이 늘어나면 자연히 기아, 질병 등으로 이어져 인구성장의 질적 하락이 발생한다.

UN 인구부 의장 존 윌모스(John Wilmoth)는 가난한 나라들의 인구 성장세에서 교육 불평등, 기아, 영양불균형, 헬스 시스템 등 많은 문제점이 우려된다고 강조했다. 이처럼 인구성장은 양적인 성장도 중요하지만 각종 사회복지정책도 수반되는 질적 성장이 중요하다.

4장

미래 이슈의 중심에
데이터 사이언스가 있다

최근 빅데이터 시대의 도래로 이슈가 되는 것 중 하나가 '미래 사회에 가장 유망한 직업은 무엇일까'이다. 인터넷이나 SNS 등에서는 10년 이내 사라지는 산업과 직업을 쉽게 검색할 수 있다. 사회생활의 첫 단추는 취업으로 시작하기 때문에 사회 초년생의 직업과 취업에 대한 관심이 어느 것보다 높을 수밖에 없다. 미래 1위 직업으로 예견되는 데이터 사이언티스트 등 통계학 분야와 생활 속 깊이 파고든 빅데이터 활용사례에 대해 알아보자.

통계로 풀어가는
빅데이터

제4차 산업혁명의 미래 물결, 데이터 사이언스

새로이 떠오르는 데이터 사이언스

인류의 문명이 발전하면서 20세기에 새로이 태어난 학문들이 있다. 그 중에서도 경영학·통계학·산업공학·전산과학 등이 대표적이다. 경영학의 창시자인 피터 드러커는 이들 중에서 사회발전에 가장 기여도가 큰 학문이 경영학이라고 주장하였다. 경영학은 기업 경영을 연구하는 학문으로, 20세기 각국의 산업진흥과 국부창출에 큰 기여를 하였다. 그렇다면 21세기에는 어떤 학문이 가장 주목받게 될까?

21세기는 제4차 산업혁명의 물결이 거세게 일고 있는 시기로 컴퓨터와 정보통신기술(ICT)이 발전하면서 인터넷이 우리 생활 깊숙이 자리 잡았다. 빅데이터 개념이 알려지면서 모든 사물의 정보를 연결하는 사물인터넷(IoT) 시대가 도래하고 있다. 이에 따라 ICT, 소프트웨어, 데이터 기반의 융합형 신기술이 탄생하면서 스마트 공장, 인공지능 로봇, 가상현실(VR), 자율주행 자동차, 드론, 3D 프린팅, 양자컴퓨터 등이 우리 사회를 변혁시키고 있다.

제4차 산업혁명의 근간에는 다량의 데이터를 소프트웨어와 연계하여 정보를 신속·정확하게 창출하고 활용하는 것이 필요한데, 이를 연구하는 학문을 데이터 사이언스(data science)라고 부른다. 데이터 사이언스는 데이터의 수집·저장에 필요한 데이터 프로세싱 기술, 데이터 분석에 관한 지식(통계학, 데이터 마이닝, 머신 러닝 등)을 기반으로 다량의 데이터로부터 패턴을 찾아내고, 통계적 추정·예측 모델링 등을 통하여 필요한 정보를 창출하여 활용하는 융합과학(convergence science)이다. 21세기가 시작된 지 오래되지 않았지만 21세기 사회발전에 가장 큰 기여를 할 학문으로 데이터 사이언스가 손꼽히고 있다.

데이터 사이언스란 용어는 1974년에 발간된 피터 나우(Peter Naur) 교수의 저서 「Concise Survey of Computer Methods」에서 처음으로 등장하였다. 그 후 1996년에 국제분류학회연합(IFCS)에서 공식적으로 용어가 사용되었고 2002년에는 학회지 「Data Science Journal」이 발행되면서 보편화되기 시작하였다. 위키피디아 사전에서는 데이터 사이언스 프로세스를 〈그림 4.1〉과 같이 제시하였다. 이 그림에서 보면 데이터 사이언스 프로세스는 처음으로 원시 데이터(raw data)를 수집하고 이를 프로세싱하여 정리하고 저장하는 것으로 시작한다. 다음으로 이 데이터를 깨끗하게 하는 작업(잘못된 데이터 제거 등)을 수행하여야 하는데, 여기까지는 주로 전산과학의 연구영역이다. 다음은 탐구 데이터 분석과 모델링 단계로 이는 통계학의 연구영역이다. 그 다음 단계는 소통하고 시각화하여 보고서를 작성하고 의사결정에 중요한 정보를 제공하는 것으로, 이는 경영학(혹은 산업공학)의 영역에 속한다. 데이터 결과물(data product)은 현실을 정확히 반영하여야 하며 이는 다음 단계의 원시 데이터 수집에 가이드라인 역할을 한다. 이처럼 데이터 사이언스는 전산과학·통계학·경영학 등의 다양한 학문이 융합된 학문이라고 볼 수 있다.

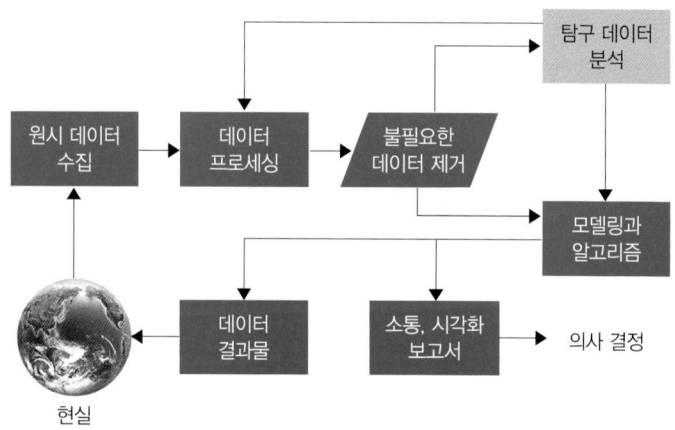

그림 4.1 데이터 사이언스 프로세스 흐름도

데이터 사이언스는 어떤 과목을 공부하는가

데이터 사이언스는 신학문이기 때문에 어떤 과목을 공부하여야 할지 정확히 명시된 기준은 없다. 그러나 미국에서 데이터 사이언스 석사학위를 개설한 40여 개 대학들의 과목을 살펴보면 다음과 같이 세 분야의 과목들이 주로 다루어지고 있다.

전산과학 분야 과목

프로그래밍, 데이터 저장 및 정보검색, 데이터베이스(DB) 관리, 머신 러닝(machine learning), 빅데이터 관련 기술(Hadoop, 텍스트 마이닝, 오피니언 마이닝 등), 알고리즘(algorithm)

통계학 분야 과목

탐구데이터 분석(exploratory data analysis), 선형통계 분석, 다변량통계 분석, 데이터 마이닝(data mining), 동적 그래픽스(dynamic graphics), 데이터 시각화 방법(data visualization methods), 통계 예측 모델링(statistical prediction modelling), 통계 소프트웨어(R, SAS, SPSS 등)

경영학(산업공학) 등 기타 관련 과목

소셜네트워크 분석, 커뮤니케이션 스킬(communication skill), 운영연구(OR), 고객만족 품질경영, 연구방법론(research methods), 경영최적화와 시뮬레이션, 빅데이터 프로젝트

물론 이 과목들은 석사과정 2년 동안 다 수강할 수 없으므로 학교의 특성에 따라 필수과목과 선택과목 등으로 구분하여 과정을 운영하고 있다. 우리나라에서도 2014년에 데이터 사이언스 석사과정을 설립하였으며, 국민대학교, 단국대학교, 성균관대학교, 건국대학교, 서울과학기술대학교, 세종대학교 등에서 석사과정을 운영하고 있다.

제4차 산업혁명은 우리 사회를 급격히 변화시키고 있으며 이 혁명의 중심에는 빅데이터, 사물인터넷, 인공지능 로봇, 자율주행 자동차 등이

있다. 이는 소프트웨어와 데이터 기반의 혁명이라고 볼 수 있으며 그 중심에 데이터 사이언스가 있다. 따라서 데이터 사이언스는 조만간 매우 중요한 학문으로 자리 잡을 것이며 관련 종사자들은 우리 사회에 핵심적인 인력이 될 것이다.

1946년에 처음으로 컴퓨터가 등장하였지만 전산과학이라는 학문이 대학에서 자리 잡기까지는 30여 년이 걸렸다. 하지만 전산과학·통계학·경영학(산업공학) 등의 융합과학으로 등장한 데이터 사이언스는 10년 이내에 중요한 융합학문으로 자리매김할 것이다.

미래 예견가 데이터 사이언티스트

직업 선호에 대한 검색 결과와 취업률에 대한 리서치 회사의 보고서를 살펴보면 미래 1위 직업은 데이터 사이언티스트(data scientist)이며 분야는 통계학이다. 2~5위는 각각 조금씩 다르지만 1위는 대부분 데이터 사이언티스트가 차지하고 있다.

예전 데이터 개념과 다르게 크기, 형태 등의 차이로 주목받고 있는 단어가 빅데이터이다. 빅데이터란 데이터 크기가 방대하고 생성주기가 빠르며 수치를 넘어 문자·영상 데이터를 포함하는 대규모 데이터를 말한다. 과거에는 분석 자체가 어려웠던 정보를 과학기술의 발달로 인한 빅데이터로 쉽게 추출하고 분석할 수 있게 되었다.

예를 들어 과거에는 소비자가 언제 어디서 무슨 물건을 구매할지 쉽게 취합할 수 없었다. 하지만 최근에는 위치기반 기술 발달과 다양한 통계 분석으로 소비자의 생활 패턴과 구매 방식, 이동 동선 등에 대한 방대한 정보를 수치화해 의미 있는 정보를 도출할 수 있다.

이런 컴퓨터와 분석기법의 발달과 변화로 인해 미래 사회에 각광받을 직업 중 하나가 바로 데이터 사이언티스트이다. 데이터 사이언티스트는 자료(data)에서 기본적인 분석뿐만 아니라 값진 정보(information)를 추출하고 향후 기업 생존의 열쇠를 제공하는 지혜를 도출하는 과학자(통계학자)를 말한다. 데이터 분석가가 단순히 데이터를 분석한다면 데이터 사이언티스트는 분석을 거쳐 정보를 추출하고 미래를 예측하는 것까지 포함한다.

직업 알선과 직장연봉 비교 사이트로 유명한 글래스도어(Glassdoor.com)는 2015년 일과 삶의 균형(WLB: Work-Life Balance) 측면에서 가장 좋은 상위 25개 직업을 공개한 바 있다. 높은 연봉이 절대적인 기준이 아니라 재택근무, 출퇴근시간 자유 등 회사(일)와 가정(개인생활)을 적절하게 분리해 밸런스를 유지하는 것을 종합하였다. 이 리스트에서도 데이터 사이언티스트가 당당히 1위를 차지했다.

〈표 4.1〉에서 주목해서 봐야 할 부분은 1위의 데이터 사이언티스트와 20위인 데이터 분석가이다. WLB(일과 삶의 균형) 점수의 차이는 0.5로 작지만 연봉은 2배 이상 차이를 보인다. 데이터 분석가는 기업에서 생산되고 수집되는 각종 데이터를 분석하고 결과를 보고서로 작성하는 기존 통계분석가를 의미한다.

하지만 데이터 사이언티스트는 산업 연관 분석과 미래 지향적인 시사점 도출, 기업 생존전략의 비법을 제시하는 것을 주요 업무로 한다. 따라서

표 4.1 일과 삶의 균형 측면에서 최고의 직업 순위

(연봉단위: 천 달러)

순위	직업	연봉	WLB 점수	순위	직업	연봉	WLB 순위	순위	직업	연봉	WLB 점수
1	데이터 사이언티스트	114	4.2	10	웹 개발자	66	3.8	19	프로그램 분석가	71	3.7
2	SEO 관리자	45	4.1	11	위기 분석가	69	3.8	20	데이터 분석가	58	3.7
3	인재인수 전문가	63	4.0	12	토목 기사	65	3.8	21	콘텐츠 관리자	60	3.7
4	소셜 미디어 관리자	40	4.0	13	고객 관리자	71	3.8	22	문제 해결 기술자	92	3.7
5	대체 강사	24	3.9	14	교육 설계사	66	3.8	23	연구 보조원	27	3.7
6	채용 코디네이터	44	3.9	15	마케팅 분석가	60	3.8	24	소프트웨어 개발자	80	3.7
7	UX 디자이너	91	3.9	16	소프트웨어 QA 기술자	91	3.8	25	전단 개발자	75	3.7
8	디지털 마케팅 관리자	70	3.9	17	웹 디자이너	53	3.8	*25개 직업 중 상위 10개 직업은 기술 분야(Technology sector)임			
9	마케팅 보조	32	3.8	18	연구원	36	3.8				

＊출처: 글래스도어(2015, Glassdoor.com)

데이터 사이언티스트는 사회·경제·경영 등 여러 학문과 융합해 시너지를 낼 수 있어야 한다.

미래 선도 분야 통계학

대학생들의 가장 큰 고민은 '어떤 전공이 나에게 맞고, 미래 성장 가능성이 있을까?'이다. 연봉도 높고 직업 만족도까지 충족된다면 금상첨화이다. 미국 포춘지(Fortune)는 2015년 최고의 전공분야와 최악의 전공분야를 정리해서 게재했다(〈표 4.2〉 참조).

이들 순위는 단순 설문조사가 아니라 연봉(salary), 장래 직업성장성

표 4.2 2015년 직업에 대한 최고·최악의 전공분야 순위

순위	전공분야	연봉	장래 직업 성장성(%)	직업만족도 0 — 100	로우 스트레스(low-stress) 0 — 100
최고의 전공분야 15					
1	통계학 박사	$131,700	23.7	71	67
2	생물통계학 석사	$113,400	21.3	86	48
3	컴퓨터과학 박사	$144,800	17.1	80	45
4	인공지능 석사	$115,200	17.1	72	72
5	물리학 박사	$132,400	15.6	78	58
6	법학 박사	$138,200	20.1	71	34
7	통신공학 석사	$119,100	15.6	88	54
8	응용수학 석사	$121,900	16.8	67	58
9	통계학 석사	$109,700	18.2	80	51
10	공학 석사	$117,200	19.5	68	41
11	컴퓨터과학 석사	$122,100	16.8	68	50
12	소프트공학 석사	$121,300	16.8	66	51
13	경제학 박사	$122,500	13.4	88	59
14	MBA	$113,000	20	72	36
15	정보과학 석사	$101,800	19.5	73	43
최악의 전공분야 15					
1	인테리어설계 석사	$69,400	6.0	68	14
2	교육행정 석사	$77,100	5.6	82	22
3	유아교육 석사	$48,100	7.8	80	31
4	범죄학 석사	$60,500	8.3	64	32
5	독서문학 석사	$52,300	9.4	82	26
6	교육리더학 박사	$88,500	6.9	81	19
7	보건행정 석사	$73,300	6.3	68	40
8	스튜디오아트 석사	$51,300	12.2	62	24
9	건축경영 석사	$99,600	6.6	82	18
10	미술학 석사	$55,900	9.5	63	37
11	신학 석사	$52,100	9.2	85	36
12	교육리더학 석사	$72,600	7.2	80	31
13	사회복지학 석사	$59,400	10.4	78	24
14	리더학 석사	$81,600	7.0	75	30
15	교과지도학 석사	$58,200	8.8	80	35

＊출처: Fortune.com, 「Best and worst graduate degrees for jobs in 2015」
＊주: 로우 스트레스는 수치가 높을수록 스트레스를 덜 받는 것을 의미함

(projected growth in jobs by 2022), 직업 만족도(highly satisfied), 스트레스 강도(low stress)의 4개 분야를 종합해서 심층적으로 분석하여 신뢰성이 높다. 보통 높은 연봉을 받으면 좋은 직장이라고 말한다. 하지만 삶의 질(quality of life)이 중요해지고 있는 요즘은 연봉만 높아서는 우수한 직업을 가졌다고 말하기 힘든 시대로 변해버렸다.

포춘지는 통계학 박사를 23.7%의 장래 직업성장성과 131,700달러의 높은 연봉으로 1위로 선정했다. 반면 인테리어설계 석사는 6%, 69,400달러가 예상되어 최하위 순위를 예상했다.

상위 5개, 하위 5개 전공분야의 가장 큰 차이는 장래 직업성장성과 연봉이다. 연봉과 장래 직업성장성이 높으면 최고의 전공분야로, 그 반대이면 최하위의 전공분야로 나타났다. 상위 5개 분야의 직업성장성은 최고 23.7%, 최저 15.6%, 연봉은 최고 144,800달러, 최저 113,400달러로 나타났으며 하위 5개 직업의 성장률은 최고 9.4%, 최저 5.6%, 연봉은 최고 77,100달러, 최저 48,100달러이다. 전공분야 상위 5위는 통계학 박사, 생물통계학 석사, 컴퓨터과학 박사, 인공지능 석사, 물리학 박사이고 하위 5위는 인테리어설계 석사, 교육행정 석사, 유아교육 석사, 범죄학 석사, 독서문학 석사이다. 여기에서 통계학 석사는 최고 전공분야 9위를 점하고 있어 통계학 대학원 과정을 이수한 경우 성장가능성과 연봉은 어느 정도 보장되는 것으로 나타났다.

이는 빅데이터 시대가 도래함에 따라 데이터 분석, 정보 추출, 미래 예측에 대한 수요가 급증하고 있고 만족할 만한 결과를 얻기 위한 전공분야로 통계학이 우위를 점할 수 있기 때문이다. 통계학은 기술통계학과 추정통계학으로 양분된다. 기술통계학은 일반 데이터 분석에 가깝고 추정통계학은 응용·예측·의사결정에 도움을 줄 수 있는 방법론이다. 통계학 석·박사는 이런 기본적인 지식과 분석능력을 보유하고 있어 경쟁우위에 있다고 할 수 있다.

최악의 전공분야를 살펴보면 직업만족도는 높으나 상대적으로 로우 스트레스가 낮으므로 타 직종에 비해 스트레스가 높다고 할 수 있다. 이들 분야는 인간 관계를 다루는 분야이기 때문에 타인과의 관계에서 발생하는 스트레스가 많은 것으로 추정할 수 있다.

미래에 사라질 직업

'2030년까지 전 세계에서 20억 개의 일자리가 사라질 것이다'라고 예상한 다빈치연구소 토마스 프레이(Thomas Frey) 소장은 2006년 구글이 정한 세계 최고의 미래학자이다. 그는 컴퓨터 알고리즘과 로봇의 발전이 일자리의 생멸을 좌우할 정도로 미래에 파급효과가 클 것이라고 분석했다.

「유엔미래보고서 2030」에서도 미래에 남을 직업과 사라질 직업을 분석했다(〈표 4.3〉 참조). 약사, 버스기사, 물류·운송업, 제조업 등은 대체직종이 존재함에 따라 사라질 직업으로 전망되었다. 창의성이 요구되는 직종이 아닌 반복적인 작업으로 이루어지는 직종은 로봇으로 충분히 대체할 수 있기 때문이다. 일부 유명 기업에서 시험적으로 진행하고 있으며 작업오류율이 인간보다 낮은 것으로 보고되었다.

표 4.3 미래에 생멸할 직업

토마스 프레이	유엔미래보고서
• 펀드매니저 → 펀드알고리즘 프로그램 • 약사 → 처방전에 따른 자동 조제 시스템 • 버스·택시 기사 → 무인 자동차 시스템 • 자동차 보험회사 → 무인 자동차 사고율 제로 • 변호사 → 변호 알고리즘 프로그램 • 물류, 운송업 → 로봇, 드론, 무인자동차 • 비행기 파일럿 → 무인화 전망 • 자동차 제조 → 로봇 • 신문기자(현장 취재기자 제외) →기사 알고리즘 • 세무사, 번역가 → 계산 알고리즘, 번역프로그램 • 공항 항공 발권 시스템 → 발권 ATM • 전화상담원, 보험관리사 → 단순화 또는 없어짐	• 약사 1.0 • 스포츠 경기 심판 0.98 • 레스토랑 요리사 0.95 • 버스기사 0.89 • 부동산 중개사 0.86 • 건설업 관련 종사자 0.71 • 기계 기술자 0.65
	미래에 남을 직업
	• 심리학자 0.0043 • 컴퓨터 시스템 분석가 0.0065 • 뮤지션 0.0074 • 소방수 0.17 • 금융전문가 0.23

＊출처: 유엔미래보고서 2030
＊주: 직업 옆의 수치는 1에 가까울수록 사라질 가능성이 높음을 의미함

반대로 미래에 남을 가능성이 높은 직업은 인간의 심리·감성을 다루는 심리학자와 뮤지션, 컴퓨터 시스템을 다루는 분석가로 나타났다. 미래에 생존하는 직업의 공통점은 창의·독창·개성이 요구된다는 것이다. 이는 유망직종 변천사를 통해서도 확인이 가능하다. 예전에는 한 분야의 정통이면 석학, 박사라고 칭송했지만 현대에는 타 학문과의 융합과 시너지가 요구되고 있다. 미래에는 학문 간의 융합이 더욱 요구될 것이다.

또한 블루칼라, 화이트칼라 시대를 지나 골드칼라와 블랙칼라 시대가 도래할 것이다. 지식의 양보다는 질, 창의성, 독창성, 개성, 학문의 융합을 통한 시너지를 낼 수 있는 직업이 각광을 받을 것이다.

표 4.4 유망 직종의 변천사

블루칼라: 산업혁명 이후 경제가 발전하면서 육체 노동자가 주류

화이트칼라: 노동 중심에서 지식 중심의 사회로 바뀌면서 지식 노동자 각광

골드칼라: 지식의 양보다는 질이 중요해지면서 창의력과 독창성을 가진 노동자

블랙칼라: 다양한 분야의 지식을 통합해 시너지를 낼 수 있는 융합형 노동자

＊출처: 유엔미래보고서 2030
＊주: 융합형 노동자는 모든 색을 합치면 검은색이 되는 데서 비롯된 명칭

기업의 생멸은 빅데이터 관리에 달려 있다

중국 e커머스 전문업체 알리바바의 마윈 회장은 "20년간 지속되어 온 IT시대가 저물고 앞으로 30년간 데이터 기술(DT: Data Technology) 혁명에 기반한 새로운 인터넷 시장이 열릴 것이다. 이제는 방대한 고객데이터를 활용해 개별 고객의 요구에 부응할 줄 아는 기업이 성공하는 DT시대다"라고 말했다. DT는 빅데이터의 존재를 기본으로 하며 수많은 데이터에서 여러 분야의 기술을 접목해 정보를 추출하고 지식과 지혜를 창출하는 것을 말한다. 빅데이터는 '21세기 원유'에 비유될 정도로 중요한 자산이고 빅데이터 관리가 기업의 생멸을 결정하는 주요한 요인임은 부정할 수 없는 사실이다.

기업 생멸은 데이터 활용하기 나름

빅데이터 자체가 아니라 빅데이터의 활용이 중요하다. 미국 IT 리서치 기업 가트너(Gartner)에 따르면 빅데이터는 데이터 그 자체만으로는 전혀 의미가 없으며 데이터를 사용하는 방법과 이를 토대로 실행하는 방법을 알아야 활용할 수 있다고 한다. 빅데이터는 양보다 질적인 성장이 중요하다. 질적 성장이야말로 빅데이터에서 진주를 찾아내는 것과 같다.

현재 기업들은 다양한 채널로 수집한 데이터를 실제로 어떻게 활용할지 제대로 파악하지 못하고 있다. 최근 프라이스워터하우스쿠퍼스(PwC)와 아이언 마운틴이 조사한 보고서[13]에서 효과적으로 데이터를 관리하는 기업은 극히 일부에 불과하다고 발표한 것이 이를 증명한다.

기업들은 데이터 수집에 혈안이 되어 막대한 자금을 투자하곤 하지만 실제 그 데이터를 활용할 때는 실수를 저지른다. 투입 대비 효용 면에서 만족스럽지 못한 결과를 얻는 것이다. 막대한 자금을 투자할 때는 목소리를 높이지만 정작 활용할 때는 전문가가 알아서 해주기를 바라기 때문이다. 방대한 데이터에서 어떤 통계적 방법으로 분석하고 예측하여 의사결정을 내려야 할지를 모르는 것이다. 이 복잡한 과정을 단순히 아웃소싱

---

13) 조사 결과는 놀랍다. 북미와 유럽에서 250명 이상의 직원을 둔 중견기업과 2,500명 이상의 직원을 둔 대기업 등 1,800여 곳을 대상으로 조사한 결과 규모, 위치, 업종을 총망라하고 전체 응답 기업들의 임원 75%는 자신들이 데이터 정보 자산을 최대한 활용하고 있다고 생각했다. 하지만 실제 그 성공률은 겨우 4%에 불과하다. 조사에 응한 66%는 실질적인 정보를 추출하지 못했다고 답했다. 이는 3/4 이상이 경쟁우위를 확보하기 위한 데이터 활용 기술과 통찰력이 없음을 의미한다. 더욱 우려되는 것은 기업 4곳 가운데 3곳에는 데이터 분석가가 없다는 것이다.

(outsourcing)으로 처리하려는 경향이 강하다. 따라서 현업 임원들은 데이터를 어떻게 취합하여 사용하기 쉬운 형태로 축적·압축할지 방법을 모색하는 데 주력할 필요가 있다.

빅데이터는 통찰력과 행동이 수반되어야

빅데이터 시대에 이끌려 데이터 사이언티스트를 채용하거나 데이터 분석 전담 부서를 신설하기에 앞서 임원들은 먼저 자리에 앉아 이들을 활용해 무엇을 달성하고자 하는지를 파악해야 한다. 이는 기업마다 색깔이 다르고 목표하는 바가 다르기에 정해진 모범답안이 없기 때문이다. 이에 대한 해답은 빅데이터 활용을 통해 찾을 수 있다.

포레스터 리서치[14]의 홉킨스는 "빅데이터는 기업이 2대 우선순위로 지목한 매출과 고객 요구사항 변화를 해결하는 데 아주 큰 역할을 하지만 데이터를 체계적으로 활용하는 통찰력(insight)을 가지는 동시에 행동으로 이어지지 않으면 무용지물이 되고 만다"라고 말했다.

SAS코리아 이진권 상무는 "향후 2, 3년간 빅데이터는 기업들이 보지 못했던 데이터를 찾고 산삼 캐는 방식에서 농사짓는 방식으로 통찰력을 전환하면서 DIY(Do it Yourself) 빅데이터 문화가 만들어질 것"이라고 예측했다.

이들이 공통적으로 주장하는 것은 빅데이터의 성공이 통찰력과 이를

---

14) 포레스터 리서치(Forrester Research, www.forrester.com)는 미국 시장의 미케팅 및 전략, 기술산업을 조사하는 기관으로 유명하다.

행동으로 이어지게 하는 전략 수립에 있다는 것이다. 임원부터 사원까지 전사적으로 데이터를 보는 안목과 이를 기초로 한 통찰력이 없다면 전략 수립이 결코 쉽지 않을 것이다. 앞으로 도래할 빅데이터 시장은 기업 전반에서 실질적인 빅데이터 인프라를 구현할 수 있다. 이를 기업 CEO들의 미래를 보는 통찰력과 강한 추진력으로 연결하는 것이 성공의 열쇠이다.

빅데이터 기반 기업 성공의 3요소

빅데이터 기반 기업의 성공 방법은 다양하다. 기업마다 사업·영역·색깔·미션 등이 다르기 때문이다. 하지만 기본적으로 빅데이터를 잘 다루고 관리하기 위해서는 다음의 3요소가 중요하다.

첫째, 데이터 전략과 데이터에 대한 인식 전환이다. 기업이 수집한 정보를 얼마나 잘 활용하고 그 데이터로부터 얼마나 가치를 이끌어 내는지가 중요하다. 일부 기업들은 데이터를 회사 전체에 적용해야 할 자원이 아닌 데이터 분석가의 책임으로만 보는 경향이 강하다.

아이언 마운틴의 수 트롬블리 전무이사는 "모든 것은 데이터 관리를 위한 전략 수립에 있다"라고 말했다. 이를 위해 트롬블리는 데이터 원천 (source)을 식별하고 모든 부서들에 대한 분석의 중요도를 이해하여 경쟁력을 확충할 계획을 수립해야 한다고 했다. 이처럼 데이터 가치의 도출을 데이터 분석가의 일로만 보지 말고 전 부서가 관심을 가져야 하는 것임을 분명히 해야 한다. 또한 데이터가 단지 분석가에게만이 아니라 전사적으로 가치 있는 자산이라는 인식 전환이 필요하다.

둘째, 데이터 사이언티스트의 채용과 대체인력 양성이다. 빅데이터 처리·분석을 위해 성급하게 고액 연봉의 데이터 사이언티스트를 채용하기 전에, 선제적으로 데이터 사이언티스트를 통해 무엇을 얻고 달성하고자 하는지를 파악해야만 한다. 기업마다 색깔이 다르기 때문에 미션과 사업목표가 다를 수밖에 없다.

또한 모든 회사에 데이터 전담 부서가 필요한 것은 아니고 내부 직원을 교육하여 데이터 분석가로 양성할 수도 있다. 시급한 문제를 해결하기 위해 고액 연봉의 데이터 분석가를 채용하는 것도 나쁘지는 않지만 회사의 실정을 잘 이해하는 현 직원들을 이용해 데이터 분석가를 대체하는 방안이 더욱 좋을 수 있다. 최근 CDO(Chief Digital Organization: 최고 디지털 책임자)라는 임원 자리가 생겨나고 있지만 모든 조직이 CDO 자리에 걸맞은 유능한 인력을 보유하고 있지는 않다.

끝으로 데이터 엘리트 기업의 특성을 가지는 것이다. 보통 기업의 4% 정도만이 데이터 엘리트급으로 분류된다고 한다. 이들은 중급 이상의 의료·보건·제조·엔지니어링 부문의 기업인 경우가 많다. 이들 기업의 공통점은 '정보 제어(governance) 관리 감독기구'가 있고 '강력한 증거기반 의사결정 문화'를 형성하고 있으며 '데이터 분석가 육성과 대규모의 분석 툴(tool)'이 마련되어 있다는 것이다.

빅데이터를 통해 기업의 성공을 달성하기 위해서는 다양한 출처와 많은 양의 데이터에 담긴 정보를 제어하고 관리·감독하는 기업 프로세스가 필요하다. 빅데이터를 잘 다뤄 우수한 실적을 내고 있는 데이터 엘리트 기업들은 이런 기업 프로세스가 탄탄히 구축되어 있다. 데이터 엘리트 기업이 되기 위해서는 데이터 분석에 입각한 의사결정문화가 형성되어야 하며 기본적으로 프로세스와 의사결정에 도움을 줄 수 있는 데이터 분석가와 분석 툴을 마련하는 것이 중요하다.

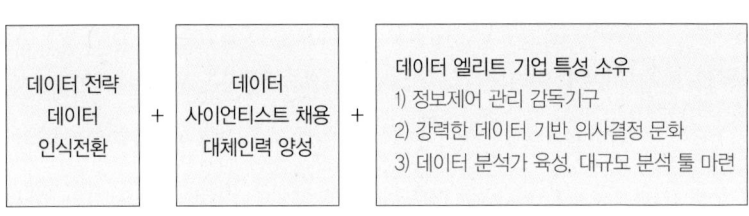

그림 4.2 빅데이터 기반 기업 성공의 3요소

빅데이터는 오히려 기업에 해를 끼칠 수도 있는가

빅데이터 전문가들은 앞으로 빅데이터에 대한 여러 가지 문제점이 드러나는 것에 우려하고 있다. 빅데이터는 기업의 경제우위는 물론 기업 생멸을 위해서라도 꼭 받아들여야 할 사안이지만 동시에 빅데이터를 도입하면 만사형통인 것처럼 여겨지는 거품은 제거해야 한다.

음식이나 과일에도 안 보이는 곳에 상한 부분이 있듯이 빅데이터에도 소소한 곳에 부정적인 부분이 도사리고 있음을 유의해야 한다. 빅데이터는 유용한 정보만을 간직하고 있지는 않으며 상당한 개인정보도 포함되어 있다.

IT WORLD Korea[15]에서 제시한 사례를 참고해 기업이 빅데이터 사용에 있어 유의해야 할 6가지를 소개한다.

첫째, 데이터 보호이다. 거대한 양의 고객 데이터를 수집하고 보관하는 기업에 지속적인 위협은 고객정보 유출이다. 기업 데이터베이스를 해킹하는 사람들의 교묘함이 이들을 막는 사람들을 앞서기 때문에 유출이 끊이지 않는다. 비밀보호기법과 인력 확충에 대한 장기적인 투자를 해야 한다.

둘째, 데이터에 너무 매몰되는 문제이다. 'Garbage in garbage out(쓰레기를 넣으면 쓰레기만 나올 뿐)'이란 말이 통계학에 있듯이 빅데이터가 옥석같은 정보만 가지고 있는 것은 아니다. 대기업에서는 이런 경우로 큰 대가를 치른 후에야 무차별적인 정보의 범람이 정보 부족이나 부정확한 정보 못지않게 쓸모없다는 사실을 인지하게 된다. 따라서 기업에서 유용한 데이터에 대한 구체적인 기준 설정이 필요하다.

셋째, 빅데이터는 틈새시장이 존재한다. 지금은 아이디어, 창의력 시대라고 한다. 즉, 창의적이고 독특한 생각만 있으면 개인이나 소규모 기업도 기반이 탄탄한 대기업에게 충분히 도전장을 내밀 수 있는 시대다. 빅데이터는 경쟁 환경에서 틈새를 잘 이용해야 한다. 이를 위해서는 트렌드와 연구를 담당하는 부서도 있어야 하며 시장조사, 경쟁업체 정보 습득 등도 동시에 수반되어야 한다.

넷째, 내부 데이터 증가에도 관심이 필요하다. 기업 내에는 다양한 부서가 존재한다. 회계·제조·마케팅·엔지니어링 등의 다양한 전담 부서가 있고

---

15) IT WORLD Korea는 빅데이터, 사물인터넷, 정보기반 의사결정 등에 관련된 최신 동향을 연구하는 연구소이다(www.itworld.co.kr).

이들이 생산·작성하는 내부자료의 증가도 무시 못할 기세다. 하지만 부서 간의 울타리와 칸막이가 있고 상호 정보교환이 쉽지 않은 것이 사실이다. 성과위주 평가로 인한 경쟁심이 이를 가로막기 때문이다.

다섯째, 데이터 기반 의사결정이 중요해진다. 부서 간의 벽이 허물어지고 데이터 분석이 중요한 비즈니스 프로세스로 자리를 잡게 되면 필연적으로 조직에 커다란 변화의 시점이 온다. 이때 데이터가 길을 알려준다. 데이터는 거짓말을 하지 않는다. 다만 이를 활용하는 사람이 악용할 뿐이다. 이러한 사람을 배제할 수 있는 방안이 데이터에 기반한 의사결정이다. 따라서 데이터가 무엇을 말하는지 항상 귀를 기울이고 최대한 현명하게 데이터를 사용해야만 한다. 경험과 직관은 버리지 말고 직감적 의사 결정에 가용한 모든 데이터 정보를 반영해야 한다.

여섯째, 불만해소에 즉각적 조치를 취해야 한다. '고객이 왕이다'라는 말이 있다. 기업이 고객의 기분을 건드렸다가는 SNS, 인터넷 매체 등을 통해 온 세상에 알려지는 것은 시간 문제다. 즉 불만을 알릴 수 있는 수단이 고객의 손에 있다는 것이다. 기업에서도 블랙 컨슈머(black consumer) 리스트가 따로 있고 관리의 대상이 된다. 하지만 이것이 반드시 나쁜 것만은 아니다. 서로 윈윈(win-win)할 수 있는 방안도 있다. 고객이 자신의 불만을 표출하면 기업이 즉각 문제를 해결할 수 있기 때문이다. 대처가 빠를수록 고객과 기업에 모두 이익이 된다.

빅데이터 시대의 도래로 고객의 사생활과 욕구에 대해 과거보다 훨씬 더 많이 알 수 있게 되었고 기업의 입장에서는 기회가 많아졌다. 하지만 세상에 공짜는 없다. 기회 속에서도 곳곳에 지뢰가 숨겨져 있다. 이를 '빅데이터의 지뢰'라고 한다면 이러한 지뢰는 눈에는 잘 들어오지 않는다. 지뢰를 밟고 나서야 위험신호를 인식한다. 하지만 그때는 이미 늦다. 지뢰를 피해가는 방법도 있지만 지뢰를 제거하는 것이 더 좋다.

표 4.5 빅데이터 성장의 불편한 진실 6가지

① 데이터 보호 문제
② 데이터에 맹목적인 매몰주의
③ 빅데이터는 언제나 틈새시장이 존재
④ 내부 데이터 증가 규모도 빅데이터급
⑤ 데이터 기반 의사결정
⑥ 데이터에 기반한 즉각적 불만해소 조치

생활을 지배하는 빅데이터

견해 차이가 있을 수 있으나 지금의 빅데이터 시대에는 세 가지 종류의 기업이 있다. 첫 번째 아직도 빅데이터의 실제 활용성에 의구심을 가지고 관망하는 자세를 견지하는 기업, 두 번째 빅데이터 비즈니스를 통해 성공했지만 기업 공개는 꺼려하는 기업, 세 번째 빅데이터 전문 업체들의 홍보에 이끌려 성과를 내지 못하는 기업이다.

해외에서는 모든 업종에 빅데이터가 다양하게 활용되고 있지만 국내에서는 마케팅, 보험사기 적발 등에서만 활용되고 있다. 해외의 빅데이터 활용 사례를 잘 살펴볼 필요가 있다.

금융권의 빅데이터 활용

IT 분야 리서치 기업 가트너가 1년 동안 자사 고객의 빅데이터 관련 문의 현황을 토대로 산업별 빅데이터 수요를 조사한 결과, 금융(25%), 서비스(15%), 제조업(15%) 등 3개 분야의 빅데이터 수요가 가장 높은 것으로 나타났다. 금융권에서의 빅데이터 활용과 관리는 전체의 1/4 정도 수준이다.

금융업은 타 산업에 비해 데이터 보유량이 많고 증가속도가 빠르기 때문에 빅데이터에 대한 관심도가 남다르다. 미국의 웰스파고앤드컴퍼니는 고객의 현금자동입출금기(ATM) 사용이력을 토대로 고객별로 화면에 표시되는 버튼을 최적화하고 있다. 즉, 인출과 예금계좌 입금만 주로 사용하는 고객이라면 화면 상단에 두 가지 버튼이 표시되도록 하는 것이 '개인 고객 맞춤형 서비스'이다.

컨설팅 회사 맥킨지앤드컴퍼니(McKinsey & Company)는 빅데이터 활용 잠재가치와 평균생산성 증가율에 대한 자료를 〈그림 4.3〉와 같이 선보였다. 가로축은 빅데이터 활용 잠재가치를 뜻하며 세로축은 GDP 성장률을 의미한다. 원의 크기는 산업별 GDP 기여도를 보여준다. 그림에서도 알 수 있듯 금융업의 GDP 성장률은 정보통신보다 낮지만 잠재가치와 GDP 기여도는 우수한 것으로 분석됐다. 국내 시장에서 빅데이터에 대한 이슈를 던진 분야는 신용카드 업종이다. 현금보다 편리하다는 장점과 할부 등

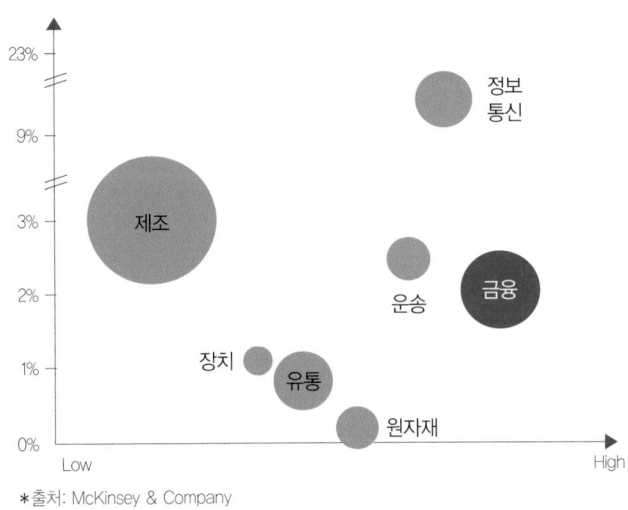

그림 4.3 빅데이터 잠재가치와 평균생산성 증가율

결제의 유연성으로 인해 신용카드 가입자들이 해마다 높은 상승을 보이고 있어 빅데이터 분석을 위한 매력적인 환경이라고 할 수 있다.

카드 업종에서 최초의 빅데이터 활용은 2012년 여름으로 거슬러 올라간다. BC카드가 국내 금융권 최초로 빅데이터 기반 상용 분석 서비스를 선보였고 KB국민카드는 같은 해 겨울 빅데이터를 활용해 고객의 소비패턴을 분석했으며 이를 토대로 20세 이상의 청장년층에게 생애주기에 부합하는 서비스를 하겠다는 평생 부가 서비스를 계획하였다. 하나SK카드는 고객 맞춤형 이벤트인 신용카드 애플리케이션 SK카드 겟모어(Get more)를 출시했다. 이 애플리케이션은 고객의 카드 승인내역을 무료로 알려주고 결제 가맹점과 관련된 각종 정보와 고객의 카드사용 패턴을 빅데이터 분석을 통해 알려준다.

신한카드는 빅데이터 분석을 통해 지정된 브랜드의 주유소에서만 할인이나 적립이 되는 불편한 점과 카드 이용자의 40%가 할인혜택을 받지 못하고 있다는 점을 찾아내, 브랜드에 상관없이 휘발유 리터당 100원을 적립해주는 카드를 선보여 히트를 쳤다. 롯데카드는 고객 소비패턴을 분석하고 계층을 나눠 차별화 마케팅을 진행한 결과 마케팅의 고객 반응도 제고와 매출의 급상승을 동시에 이뤘다.

하지만 우려의 목소리도 있다. 빅데이터 분석에 의한 서비스가 기존의 고객관계관리(CRM: Customer Relationship Management)와 별반 다르지 않다는 것이다. 또한 빅데이터 분석을 한 번 활용하는 파일럿성 프로젝트로 인식한다는 것이다. 지속적인 빅데이터 활용이 이루어지기 위해서는 실시간 고객 모니터링으로 고객의 패턴을 분석해야 한다. 동시에 실시간 모니터링 방법, 데이터 처리 및 관리, 고객 고지 등 다양한 빅데이터 처리 프로세스가 구축되어야 한다. 이미 빅데이터 처리 프로세스를 마련하고 효과를 누리고 있는 세계의 기업들에 비하면 국내의 빅데이터 활용과 관리는 아직 미약하다.

팔방미인 빅데이터 활용

빅데이터를 가장 많이 활용하고 있는 분야는 고객관리와 고객타깃마케팅이다. 최근 국내에서의 빅데이터 활용으로는 개별고객 SNS 타깃마케팅과 맞춤형 RM(Relationship Management: 관계관리) 세일즈 정보를 제공하는 SC제일은행, 인터넷 및 SNS에 고객이 남긴 콘텐츠에 대한 감성분석을 마케팅에 활용한 IBK기업은행, 신한은행, KB국민은행 등이 있다.

해외 금융기관들도 고객관리와 이벤트 기반 마케팅에 빅데이터를 활용하고 있다. 일본 금융정보시스템센터(FISC)에서는 해외 금융기관들이 영업에 빅데이터를 활용하고 있는 다양한 사례들을 제시했다(〈표 4.6〉 참조).

표 4.6 해외 금융기관들의 빅데이터 활용 사례

사례	개요
계좌해지 조짐의 패턴 분석	계약해지 고객에 대해 인터넷 거래와 콜센터, 메일내용, 영업점 설문조사 등으로 수집한 데이터를 토대로 계좌해약 조짐의 패턴을 시스템적으로 추출, 즉 계약해지 고객의 패턴을 파악해 관리함
고객의 감정분석	콜센터와 SNS에 대한 고객의 문의 등 텍스트 데이터를 분석하여 수수료, 주택대출금리, 연회비 등에 대해 부정적인 고객이 증가하고 있는지를 판단해 대응책을 마련
자동차 보험료 산정	자동차운전 데이터[운전자의 운전방식(시간, 거리, 급제동 빈도수 등)]에 따라 보험료를 변경함. 운전자의 데이터를 자동차에 탑재한 장치에 축적해 사고위험을 산정하고 이를 보험료 산정에 연계
거래이력에 기초한 쿠폰 배송	인터넷뱅킹에 접근하면 직불카드 등의 이용 이력에 근거해 빈번히 이용하는 점포의 쿠폰을 배송
인구분포 통계데이터 제공 서비스	휴대전화의 기지국이 취득한 위치데이터를 토대로 지역별, 연령별, 요일별, 시간대별 인구의 지리적 분포를 추계한 데이터를 제공해 출점계획과 섭외담당자의 배치계획 등에 활용되고 있음

＊출처: 일본 금융정보시스템센터(FISC: The Center for Financial Industry Information System)

〈그림 4.3〉에서 살펴본 것과 같이 시장은 IT 관련 업종뿐만 아니라 이를 도입하는 산업 또한 새로운 가치를 창출할 수 있다. 또한 그 파급효과가 매우 크기 때문에 정부차원에서 주도적으로 빅데이터 활용에 나서고 있다. 2015년 인구수택총조사는 기존 진수조사 방식에서 빅데이터인 행정통계를 활용하는 등록 센서스 방식으로 대체해 조사비용을 약 1,200억 원 정도

감소시켰다. 이밖에도 여러 정부기관이나 연구기관에 흩어져 있는 행정자료들을 연계해 2차 정보를 도출하는 '자료연계(data linkage)' 분야가 떠오르고 있다.

이처럼 빅데이터가 다양한 가치를 만들어 내기에 가트너는 빅데이터를 '21세기 원유'에 비유한 것이다. 기름이 없으면 산업 자동화가 멈추듯 빅데이터 없이 정보화 시대에서 살아갈 수 없다는 의미에서 나온 듯하다.

금융권의 빅데이터 확산 전제조건

금융권뿐만 아니라 타업권에서도 적용되는 빅데이터의 확산 전제조건을 소개한다.

첫째, IDG Deep Dive[16] 보고서는 사례로 보는 빅데이터 성공가이드에서 성공하는 기업들의 공통점으로 데이터 주도형(data-driven) 문화를 꼽았다. 이는 데이터에 기반한 의사결정과 유사한 개념이다. 데이터 주도형 문화란 데이터를 데이터 전문가나 IT부서의 임무라는 생각에서 벗어나 전 직원의 일상적인 영업에 통합시키는 것을 말한다. 즉, 기업의 모든 중요한 결정의 중심에 데이터를 배치시킨다는 것이다. 이를 데이터의 민주화라고도 한다.

마케팅은 지난 수십 년간 일부 중역간부의 경험과 창의의 영역이었지만 이제는 빅데이터 분석으로 수리과학에 가까워졌다. 따라서 중역들의 입장

---

16) IT WORLD, IDG 연구소에서는 빅데이터, 사물인터넷 등의 동향을 IDG Deep Dive란 보고서명으로 발간하고 있다. 여기에는 각종 IT트렌드, 빅데이터, 사물인터넷의 심포지엄 등을 소개하고 있다(www.itworld.co.kr).

에서는 데이터의 가치가 올라가는 것을 그리 환영하지 않을 것이다. 과거에 여러 기업에서 식스 시그마를 전사적으로 도입하고자 할 때 직원들 간에 마찰이 생겨 문제가 된 경우가 있었다.

예전 방식에 익숙한 중역들은 새로운 것을 받아들이기를 꺼리는 경향이 강했다. 하지만 식스 시그마를 도입한 기업은 성공가도를 달렸고 구시대적인 방식을 고집한 기업은 그리 좋은 실적을 내지 못했다. 이런 상황에서 가장 중요한 것은 최고 경영진의 확고한 의지와 지원이다. 이들은 데이터 주도형 의사결정을 지지하고 최상부에서 Top-down의 지시와 문화의 변화를 주도해야 한다.

둘째, 빅데이터 사용의 가이드라인과 데이터 표준화 정보보호 법령의 명확화가 필요하다. 향후 금융기관들이 빅데이터를 효과적으로 활용하기 위해서는 개인정보보호 및 지적재산권을 침해하지 않는 선에서 개인정보 수집과 데이터 표준화를 해야 한다.

〈표 4.7〉은 개인정보보호법의 주요 내용으로, OECD는 빅데이터 활용의 8대 원칙을 제시하였다.

셋째, 금융회사는 비밀보호기법을 통해 정보유출 및 오남용 위험에 대비한 대응 준비체계를 마련해야 한다. 요즘 해커들의 정보 수집력은 혀를 내두를 정도이다. 마음만 먹으면 수집 못할 정보가 없다고 한다. 고객들의 다양한 개인정보를 다량으로 가지고 있는 금융회사들이 관리를 소홀히 한다면 고객들은 등을 돌리기 쉽다. 한 명의 고객을 유치하기 위해서 얼마나 많은 노력이 필요한지 굳이 설명하지 않아도 알 것이다.

표 4.7 개인정보보호법의 원칙과 주요 내용

OECD 가이드 라인	주요 내용
공개의 원칙	개인정보 처리사항 공개
개인 참가의 원칙	열람청구권 등 정보 주체의 권리 보장
목적 명확화 원칙	개인정보 처리 목적의 명확화
수집 제한의 원칙	목적에 필요한 최소한의 범위 안에서 적법하고 정당하게 수집
안전 보호의 원칙	정보 주체의 권리침해 위험성 등을 고려한 안전성 확보
이용 제한의 원칙	필요 목적 범위 안에서 적법하게 처리, 목적 이외 활용 금지
정보 정확성의 원칙	처리 목적 범위 안에서 정확성, 안전성 보장
책임의 원칙	개인정보 처리관리자의 책임 준수, 신뢰성 확보 노력

＊출처: OECD

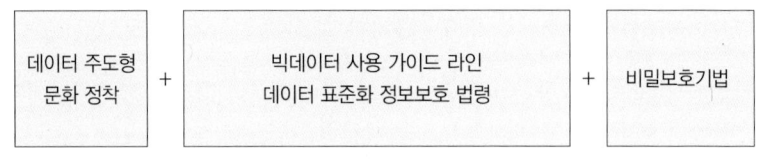

그림 4.4 금융권 빅데이터 확산 3요소

빅 그룹의 글로벌 세대 전쟁

얼마 전 H연구소에서 '부·가난 대물림'에 대한 세대차를 조사했다. 젊은 세대로 대표되는 30~40대는 가난의 대물림에 대해 심각한 반감을 보인 반면, 장년층인 50대 이상은 상대적으로 덜했다고 한다. 해결책에 있어서도 젊은 세대는 부자증세를 통한 복지 확대와 소득 재분배를 지지한 반면, 장년층은 일자리 확충으로 답해 판이하게 다른 인식의 차이를 보였다.

즉, 젊은 세대는 고소득층의 증세를 통한 중산층, 서민층의 복지 확대를 요구했고 50대는 일자리 창출을 통한 소득 증대를 원했다.

젊은 세대가 노인 세대보다 못산다면

경제학 석학인 고려대학교 장하성 교수는 "20~30대는 6.25 전쟁 이후 부모보다 못한 최초의 세대가 될 것"이라고 인터뷰한 적이 있다. 이는 과거와 다른 인구구조, 취업환경, 높아진 교육수준과 스펙(spec) 등으로 남들과 다른 특출한 뭔가가 없으면 취업이 힘든 시대에 봉착했음을 표현한 것이다.

대한민국은 미국·유럽처럼 자산 계층의 문제가 아니라 경제가 성장한 만큼 임금을 주지 않는 것이 문제라고 한다. 장 교수는 특히 고용문제를 꼬집었다. 고용의 불평등은 기업 간의 불균형 문제와 동일선상에 있다고 했다. 편의상 300인 이상 기업을 대기업이라고 간주하자. 100명 중 80명이 취업한다고 했을 때 대기업에 가는 사람은 15명, 나머지는 중소기업에 취직한다. 꿈의 직장이라고 하는 S전자·H자동차 취업은 100명 중 1~2명에 불과하다는 것이다. 모든 청년들은 기성세대가 요구한 스펙을 쌓으면 꿈의 직장을 갈 수 있다고 생각하지만 현실은 냉정하다.

1980년대 중소기업과 대기업의 임금격차는 10%, 1990년대 초반에는 25%였으며 시간이 흐르면서 그 차이가 더 커졌다. 장 교수는 우리나라 100대 기업이 전체 고용의 4%를 차지하고 전체 이익의 60%를 가져간다고 했다. 나머지 중소기업은 전체 고용의 70%를 차지하는데 수익은 30%밖에 가져가지 못한다. 따라서 자연스럽게 임금격차가 생긴다는 것이다.

1990년대 초까지만 해도 S전자가 돈을 벌면 그 협력업체들도 다같이 벌었고 협력업체 직원들의 임금도 자연히 상승했다. 이른바 낙수효과이다. 그러나 1997년 IMF에 직격탄을 맞고 대·중·소기업 사이에 힘의 균형이 깨지면서 이 효과는 찾아보기 어려워졌다.

어느 신문 사설에서는 경제성장의 혜택이 가계소득으로 제대로 순환되지 않는 대표적인 국가가 대한민국이라 밝히며 '부자 국가 가난한 국민'이라는 표현을 쓴 적도 있다. 여기서 순환이라는 말이 중요하다. 순환이란 기업이익이 직원들의 고임금으로 이어지는 자연스런 구조를 말한다. 하지만 순탄치 않다. 대기업과 중소기업의 이익 격차는 날로 심해지고 있으며, 국가의 부가 대기업의 이익으로 평가되는 경향이 짙기 때문이다.

현재 대한민국 젊은이들은 과거의 호황기, 낙수효과를 기대할 수 없는 세대이다. 젊은 세대가 지금의 장년층보다 가난해질 수도 있는 환경이 되어가고 있다. 거기에 취업난과 늦은 결혼으로 인해 사회적 주체로의 진입을 포기 또는 지체하면서 꿈을 잃은 젊은 세대가 점점 더 많아지고 있다.

노인이 젊은층보다 가계부채비율이 높은 유일한 나라

한국개발연구원(KDI)은 「고령층 가계부채의 구조적 취약성」이란 보고서를 통해 60대 이상 고령층의 부채비율이 다른 연령층보다 높은 유일한 국가가 한국이라고 밝혔다. 이처럼 60대 이상 부채비율이 다른 연령층보다 높다는 것은 쉽게 지나칠 문제가 아니다. 전 연령대 가계부채 평균(128%)에 비해 60대 이상의 평균은 161%로 상당히 높은 수준인데, 비교 국가인

15개국 가운데 가장 높은 수치로 나타났다.

미국과 유럽의 주요국에선 60대 이상 가구의 소득 대비 가계부채비율이 다른 연령대의 평균보다 낮은 것으로 나타났고 점진적으로 가계부채를 축소시켜 왔다고 분석했다.

하지만 한국 노인들은 이런 조정에 실패했다고 한다. 주요 요인으로는 과도한 교육비 지출과 고령층 가구의 안정적인 연금 및 사적이전소득이 차지하는 비중이 낮은 것을 들었다.

독일과 네덜란드는 70% 수준인데 반해 우리나라는 절반도 안 되는 29% 수준이라고 한다. 이전소득이 높은 국가는 대부분 근로 사업소득 비중은 낮고 공적연금과 사회보험, 실업수당, 증여 등 비생산활동에서 얻어지는 수입이 70% 이상을 차지한다. 우리나라는 그 반대인데, 이는 한국의 노인들이 다른 국가와 달리 늙어서도 소득활동에서 탈출하지 못한 채 생활비를 충당하고 있는 현실을 보여준다.

〈그림 4.5〉는 인생 80세, 인생 100세 시대의 생애를 비교한 것이다. '취업전 기간-취업기간-은퇴기간'을 숫자로 표현하면 예전에는 30-30-20이라면 앞으로는 (30~40)-20-(40~50)이다.

인생 100세 시대는 일하는 기간보다 돈을 쓰는 기간이 더 길다는 것을 의미한다는 점에서 그 어느 때보다도 은퇴 이후를 대비한 자산 축적이 중요함을 알려준다.

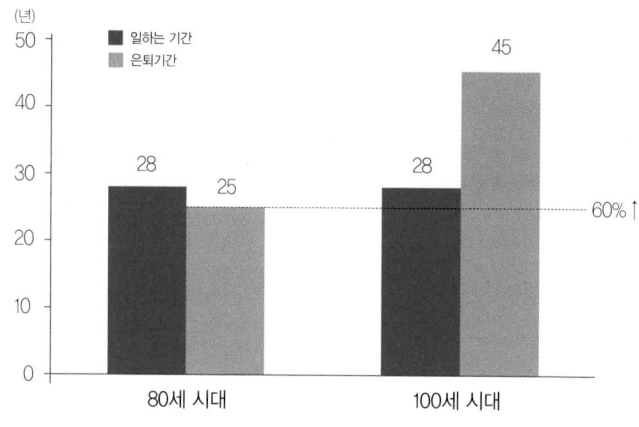

그림 4.5 인생 80세, 100세 시대 생애 비교

세대 간 연금 격차 날로 심화

이웃나라 일본은 세대 간 연금 격차가 극심한 것으로 조사됐다. 일본의 직장 근로자들이 가입하는 후생연금(우리나라 퇴직연금과 비슷)은 현재 70세 이상(1945년 이전 출생) 노인의 경우 평균적으로 1,000만 엔(약 1억원)을 납부했을때 5,200만 엔(약 5억 1,400만 원)을 수령할 수 있는 것으로 추산된다. 납부액의 5.2배이다. 반면 1985년생 이후(30세 이하)의 경우 2,900만 엔(약 2억 8,700만 원)의 보험을 납부하고 6,800만 엔(약 6억 7,200만 원)을 수령할 것으로 예상되며 이는 납부액의 약 2.3배이다. 이 두 경우는 수령액에서 약 2배 정도 차이를 보이고 있으며 이 차이는 시간의 흐름에 따라 더 벌어질 것으로 예상된다. 우리나라 국민연금의 경우, 70세 이상은 납부한 보험료의 3.8배를 받는 반면 40세 이하에서는 1.5배만 받을 수 있을 것으로 추산됐다. 수령액으로 보면 약 2.6배의 차이다.

그렇다면 우리나라는 어떠할까? 국민연금연구원의 연구자료에 따르면 1988년 국민연금 도입 당시 만 82세 가입자는 납부한 보험료의 5.3배를 받지만 현재 만 10세인 어린이가 국민연금에 가입했을 때는 수령액의 1.7배[17]에 불과하다고 분석했다. 세대 간 격차가 최대 3배 이상인 셈이다. 국민연금 가입자가 내는 보험료 대비 연금 수령액의 비율은 연령대가 높아질수록 더욱 커지게 된다. 2015년 기준 만 10세(2005년생)는 1.74배, 22세(1993년생)는 1.82배, 42세(1973년생)는 2.14배, 62세(1953년생)는 2.79배, 82세(1933년생)는 5.27배에 달한다고 분석했다.

이는 과거 급격한 인구 증가로 고도의 산업화를 이룩했을 당시 경제성장이 지속될 것이라 가정하고 설계한 것이며, 엄청난 적자를 거듭하면서도 고령자에게 유리한 사회보장을 유지하고 있다.

한국은 생산가능인구가 2017년도 이후 감소할 전망이어서 소득을 창출할 세대의 감소도 예상된다. 또한 한국개발연구원 등은 우리나라 잠재성장률을 2030년대에는 1%대로 전망하고 있다. 여기에 혁신 부재, 효율적 노동력 활용 미흡 등으로 잠재성장률 둔화 추세가 지속되면 일본의 '헤이세이 공황(잃어버린 20년)'을 답습할 수도 있다는 우려가 제기되고 있다.

이런 상황에 직면하게 될 젊은 세대는 과연 어떠한 반응을 보일까? 아마 대부분 부정적인 시각이 많을 것이다. 청년들은 자신들이 내는 세금을 고령층의 복지 재정에 쏟아붓고 있다는 사실이 그리 반갑지만은 않을 것이다.

---

17) 최기홍(2015), "확장된 세대 간 형평성과 지속가능성 측정", 국민연금연구원.

머지않아 노청(老靑)전쟁, 세대전쟁과 같은 세대갈등이 일어날 수도 있다.

표 4.8 잠재성장률 추정

(단위: %)

구분 ＼ 연도	'11~'20	'21~'30	'31~'40	'41~'50	'51~'60
잠재성장률	3.6	2.7	1.9	1.4	1.0

＊출처: 한국개발연구원

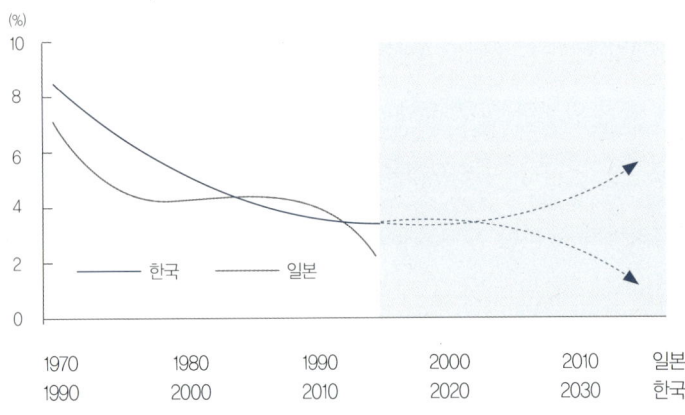

＊출처: 기획재정부(2015), 「2015년 한국경제 성과와 과제」

그림 4.6 한국과 일본 성장률 비교

노청전쟁은 세대전쟁으로 이어져

한국은 앞으로의 젊은 세대가 현재 노인 세대보다 가난하고 노인이 젊은층보다 소득 대비 가계부채비율이 높으며 세대 간 연금격차는 날로 심화될 것이라고 예상한다. 젊은층과 노인들의 삶의 피로도가 날로 증폭되고 있으며 이쯤 되면 눈에 보이지 않는 세대전쟁이 시작되었다고 볼 수 있다.

이러한 문제들과 미래 인구구조 특징을 연결지어 보자. 인구구조와 인구 추이로 판단해 보면, 인구수로 인해 기성세대의 정치적 힘이 강화됨에 따라 장년층의 목소리는 더욱 커지는 반면 청년층의 목소리와 요구는 힘을 가질 수 없으며 그 간격은 더 벌어질 공산이 크다.

물론 오늘날 한국을 일으킨 장년층의 노고를 무시해서는 안 된다. 이런 기성세대에 대해 여러 혜택을 제공하는 것은 후세대의 예의다. 하지만 후세대가 이겨낼 수 없을 정도로 장년층이 주는 부담이 커진다면 삶이 황폐해지고 장년층의 안정된 노후까지도 위협받을 수 있다.

「아프니까 청춘이다」의 저자 김난도 교수가 방송에 출연한 적이 있다. 김 교수는 자신의 책이 여러 국가에서 번역되어 출판되었다는 것을 언급하면서 "한국에 있는 우리 청년세대만 힘든 게 아니었다"라고 놀라움을 표현했다. 청년의 아픔은 세계적인 현실이다. 한국만의 현상이 아닌 것이다. 빚으로 시작하는 대학등록금, 높은 청년실업률, 결혼과 출산을 꺼리는 삼포세대 등장 등의 문제는 범국가적인 해결 과제이다.

이러한 어려움을 겪고 있는 청년세대가 다양한 방법으로 저항에 나서고 있고, 곳곳에서는 세대전쟁의 거친 파도가 일어나고 있다. 한국 역시 이러한 거대한 파도에 결코 자유롭지 못할 것이다. 2011년 기준으로 65세를 위한 1인당 복지 지출은 아동복지 지출의 40배가 넘는다고 한다. 이처럼 아이들과 청년들을 위한 복지는 선택직 복지로 여겨지면서 노인복지는 보편적인 제도로 지속된다면 분명히 심각한 세대전쟁이 일어날 것이다.

금융 빅데이터는 미래 자산을 보여준다

저출산과 평균수명의 연장으로 인생 100세 시대를 목전에 두고 있어 어느 때보다도 금융 빅데이터를 활용한 미래자산 파악이 중요한 시점이다. 하지만 저축률은 하락하고 가계부채는 늘고 있다. 2008년도 이후 저축률 은 3%선에 머물고 있고 가계부채는 1,000조 원을 넘은 지 오래다.

사망보험금과 은퇴 이후의 생활자금

2000년도 중반에 S생명사에서 보장자산에 대해서 대대적인 홍보를 했 다. 보장자산이란 예측하지 못한 위험이 발생했을 때 가족이 받을 수 있는 사망보험금을 말한다. 정확하게 표현하자면 종신보험을 뜻한다. 2010년 이후에는 보장자산을 대신해 은퇴자산이라는 단어가 더욱 다가왔다. 보장 자산이 사망 후의 종신보험에 초점이 맞춰져 있다면 은퇴자산은 은퇴 이후 의 생활자금을 의미한다. 은퇴자산은 은퇴한 이후 직업을 가지고 있을 때 의 임금을 대신해서 받을 수 있는 다양한 소득을 뜻하는 것이다.

우리나라는 2000년까지만 해도 평생직장에 대한 개념이 강했으며 경제 성장률이 높았다. 이런 시기에 '은퇴'라는 단어는 유명한 운동선수나 특수 직종을 가진 사람들에게만 국한되었다. 하지만 현재는 과거와 다르다. 인 생 100세 시대의 도래와 고용시장의 불안으로 평생직장 개념이 사라졌으 며 재취업은 생각보다 쉽지 않다. 은퇴자산은 지금부터 준비해야 한다. 선 택이 아니라 필수다.

은퇴 후 얼마나 긴 시간이 존재할까

은퇴 후에는 얼마나 많은 시간이 있을지 계산해보자. 하루 24시간 중 잠자는 시간(9~10시간), 식사시간(3시간), 휴식 또는 운동시간(3시간), 기타 (2시간) 등을 제외한다면 약 7시간 정도가 남는다. 1년이 365일, 100세 수명에 60세 은퇴를 가정한다면 40년×365일×7시간=102,200시간이 산출된다(〈표 4.9〉 위 참조). 약 10만 시간이다.

현재 우리나라 직장인들의 연평균 근로시간이 2,261시간이니까 10만 시간은 현역에서 44년 동안 일하는 시간과 맞먹는다. 얼마나 긴 시간인지 알 수 있다.

이러한 산출은 분명히 기대수명, 잠자는 시간, 기타 시간에서 개인차가 존재한다. 만약 은퇴 이후를 인생 2모작을 통해 재취업과 학습의 시간으로 보낸다면 기타 시간의 활용도는 더욱 높아질 것이다. 기대수명이 단축되어 은퇴 후 시간이 줄어드는 것보다 장수하면서 재취업으로 은퇴 시기를 늦추는 것이 개인에게는 더욱 행복할 것이다(〈표 4.9〉 아래 참조). 인생 80세와 인생 100세의 은퇴 후 시간 결과값은 동일(51,100시간)하지만 개인이 받아들이는 질적인 시간은 다르다.

반대로 편중된 자산구조

우리나라 사람들은 땅과 건물을 선호한다. 많이 소유하고 있으면 땅부자, 건물부자로 인정한다. 좋은 목의 부동산을 소유하면 임금소득보다 몇 배가 되는 이익을 가져다주곤 한다.

표 4.9 기대수명에 따른 은퇴 후 시간

기대수명	100세	90세	80세
은퇴 후 시간	102,200시간	76,650시간	51,100시간

인생 100세		
재취업 65세 은퇴	재취업 70세 은퇴	재취업 80세 은퇴
89,425시간	76,650시간	51,100시간

그런데 만약 일본처럼 부동산 버블이 발생하면 어떨까? 건물가격이 반 토막 나고 거기에다 거래 매매가 시원치 않다면 경색된 부동산 시장이 연출될 것이다. 여윳돈으로 부동산 투자를 한 경우라면 문제가 없으나 대출을 통해 구입한 경우라면 하루하루가 답답할 것이다.

금융투자협회(2014)의 「주요국 가계금융자산 비교」에 따르면 해외 국가 자산구조와 한국의 자산구조는 극명하게 차이가 난다. 한국의 금융자산은 20% 수준에 불과하나 미국, 영국, 일본의 금융자산 비중은 45~65%대로 비교적 높은 수준을 보이고 있다. 한국 가계자산은 여전히 비금융자산에 치중되어 있다.

표 4.10 주요 국가별 가계자산 구성 비교

(단위: %)

구분 \ 국가	한국	미국	영국	일본
비금융자산	75.1	29.3	50.4	39.9
금융자산	24.9	70.7	49.6	60.1

*출처: 금융투자협회(2014), 「주요국 가계금융자산 비교」

또한 가계 금융자산 내에서도 현금, 예금에 비해 주식, 채권, 펀드 등

금융투자상품의 비중이 상대적으로 낮게 나타났다. 보통 나이가 들면 부동산보다 금융자산의 비중이 높아야 한다. 왜냐하면 저성장, 저금리 기조, 빠른 고령화 등이 우리의 노후를 위협하기 때문이다. 따라서 부동산보다는 금융자산에 대한 관심이 필요하다.

표 4.11 주요 국가별 가계금융자산 구성 비교

(단위: %)

구분 \ 국가	한국	미국	영국	일본
현금, 예금	45.5	12.7	27.8	53.1
금융투자상품	25.0	53.3	12.5	16.1
보험, 연금	28.9	31.3	56.3	26.7
기5	0.7	2.7	3.4	4.1

＊출처: 금융투자협회(2014), 「주요국 가계금융자산 비교」
＊주: 2013년 말 기준

이대로 가다간 미래가 불안하다

그렇다면 국가별 은퇴자산구조는 어떨까? 국가별 공적연금과 퇴직연금 적립금을 GDP 대비 기준으로 살펴보자. OECD의 연금보고서(Pension at a Glance)는 각국의 연금제도, 적립금 규모, 연금 개정 등의 내용을 시간 추이별로 요약하였다. OECD[18] 자료에 의하면 34개국 가운데 공적부문의 비중이 더 큰 국가는 우리나라를 포함해 벨기에, 프랑스, 일본, 스웨덴 단 5개국에 불과하다. GDP에서 차지하는 비중으로 공적연금과 퇴직연금을 합친 연금자산액을 살펴보면, 34개국 평균은 87.2%인데 반해 우리나라는

---

18) OECD(2011), "Pensions at a Glance 2011 : Retirement-income system in OECD and G20 Countries".

28.3%로 1/3 수준에 불과하여 턱없이 부족하다는 것을 알 수 있다. 또한 28.3% 중에서 퇴직연금이 단 2.2%라는 것은 놀랍다.

표 4.12 OECD 주요 국가별 공적연금, 퇴직연금 적립금과 GDP 대비

(단위: 십억 달러, %)

국가	퇴직연금		공적연금		국가	퇴직연금		공적연금	
	적립금	GDP비중	적립금	GDP비중		적립금	GDP비중	적립금	GDP비중
캐나다	806	62.9	108	8.5	일본	1,042	25.2	1,308	25.8
노르웨이	27	7.3	18	5.0	칠레	106	65.1	3	2.1
뉴질랜드	13	11.8	8	7.1	포르투갈	30	13.4	13	5.7
멕시코	107	7.5	3	0.3	폴란드	58	135	2	0.5
미국	9,583	67.6	2,540	17.9	프랑스	21	0.8	118	4.3
벨기에	16	3.3	23	5.0	한국	29	2.2	217	26.1
스웨덴	35	7.4	108	27.2	호주	808	82.3	51	5.9
스페인	118	8.1	83	5.7	OECD34	16,777[1]	67.6[2]	4,642	19.6
아일랜드	100	44.1	31	13.7					

＊출처: Pensions at a glance 2011: Retirement-Income systems in OECD and G20 Countries
＊주: GDP는 미국달러 기준
　1) 'OECD34'는 34개국 적립금 합계를 의미함
　2) 나라별 GDP 대비 연금규모를 고려해 가중평균한 결과

　　다음으로 금융 빅데이터를 활용한 한국의 독특한 은퇴자산구조의 미래 지형의 변화를 살펴보자. 국내 M은퇴연구소는 은퇴자산시장의 중장기 규모를 추정한 결과 2020년에는 약 1,975조 원에 이를 것으로 전망했다. 전체 은퇴자산에서 차지하는 개별 은퇴자산의 비중을 보면, 전체 은퇴자산 규모 대비 퇴직연금과 주택연금의 비중은 늘고 국민연금과 개인연금, 은퇴준비용 금융자산의 비중은 줄어들 것으로 분석됐다. 하지만 공적연금인 국민연금은

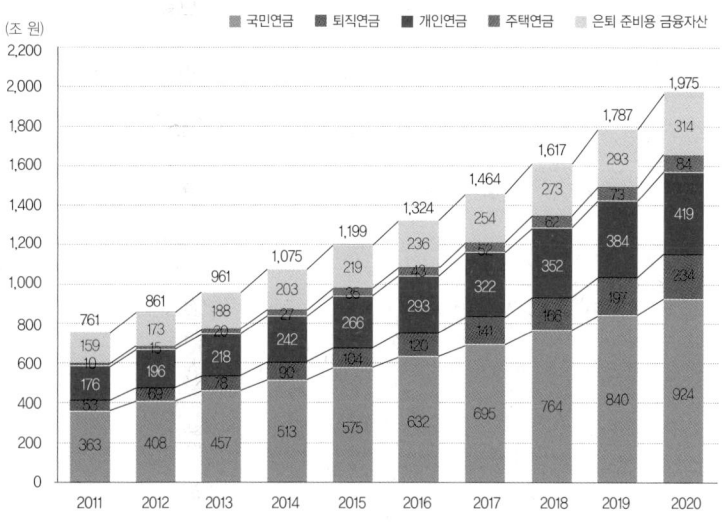

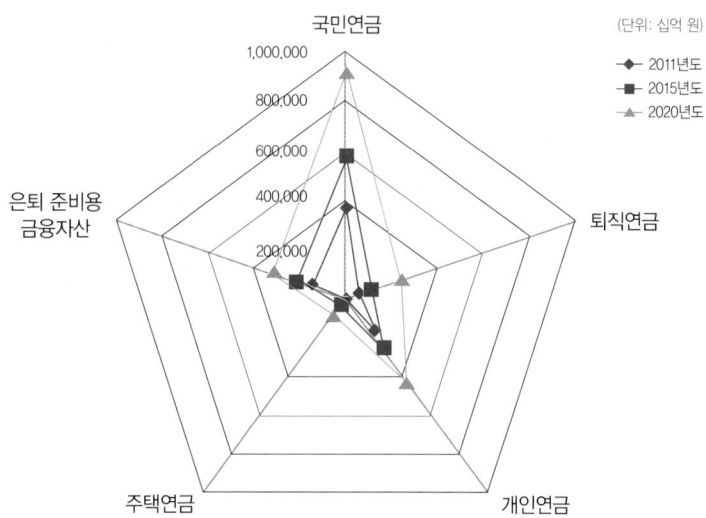

*출처: M 은퇴연구소, 「중장기(2011~2020) 은퇴자산 추정 및 시사점」

그림 4.7 우리나라 은퇴자산 지형 변화

여전히 절반 수준으로 은퇴자산에서 절대강자의 위치를 고수하고 있다.

이 결과에서 주목할 점은 다른 나라와 비교해서 우리나라 은퇴자산은 공적 부문이 차지하는 비중이 상대적으로 크다는 것이다. 그런데 앞으로 이 부문의 개정과 개혁 등으로 급여 수준이 크게 떨어질 예정이다. 고령화 속도가 타 국가에 비해 빠른 우리나라의 상황을 감안한다면 이대로 가다간 암울한 미래를 맞이할 가능성이 높다.

5장

100세 시대,
빅데이터로 대비한다

전자의무기록시스템으로 환자들에 대한 임상 데이터가 전자의무기록에 저장되기 때문에 전자의무기록으로부터 축적된 대량의 전산화된 데이터는 임상 연구에 유용하게 활용될 수 있다. 새로운 의약품에 대한 임상시험에 앞서 기존에 축적되어 있는 빅데이터들을 정리, 활용하여 임상적 결과를 도출하는 것은 매우 중요하다.

통계로 풀어가는
빅데이터

흙더미 속의 진주: 과거 데이터로부터 미래의 질병 예측

임상연구란 무엇인가

연구자가 사람과의 중재작용(intervention)이나 상호작용(interaction)을 통하여 얻는 데이터에 대한 연구를 임상연구(clinical research)라고 한다. 이러한 임상연구는 자료수집 방법에 따라 실험연구(experimental study), 관측연구(observational study)로 구분하며 연구진행 시점에 따라 후향적(retrospective), 현황적(cross-sectional), 전향적(prospective) 연구로 분류해 볼 수 있다.

후향적 연구란 연구 진행 방향이 과거로 가는 것으로, 환자들의 의무기록을 조사하고 특정 데이터를 수집·분석하여 결과를 산출하는 연구를 말한다. 특정 사건(event)이 발생한 후에 과거 기록을 조사하기 때문에 연구 대상자와 직접적으로 접촉하지 않는 것이 특징이다. 현황적 연구는 연구

진행이 현재에 국한되어 있는 것을 말한다. 전향적 연구는 연구하고자 하는 요인들을 미리 설정한 후 일정기간 동안 변화를 추적(follow-up)하여 위험요소가 일으키는 변화를 관찰하는 연구이다. 연구 진행 방향이 과거로 가는 후향적, 현재시점인 현황적, 앞으로 가는 전향적 연구의 분류를 〈그림 5.1〉처럼 나타낼 수 있다.

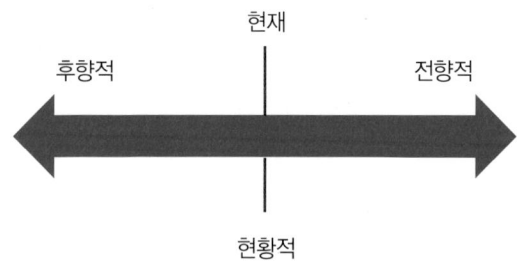

그림 5.1 연구의 진행 방향에 따른 분류

평발의 임상연구 사례

평발에 대한 예를 들어 살펴보자. 평발이란 일반적으로 체중 부하 시 발바닥의 내측 아치가 유지되지 못하는 질환을 말한다. 평발인 경우 족저부(발바닥)에 통증이 있기도 하고 변형이 심한 환자는 효율적인 보행에 문제가 발생하기도 한다. 성인에게도 관찰되지만 어린 아이들은 대부분 평발의 형태를 보인다. 왜 그럴까? 아직 원인이 완전히 밝혀지진 않았지만 어린 아이들의 경우 발바닥 피부가 두꺼운 것이 한 가지 원인이라고 알려져 있다. 현재까지 진행된 연구들에 의하면 2세 무렵에는 90% 이상의 아이들이 평발이지만 10세가 되면 4% 정도로 감소된다고 한다. 그러나 이러한 연구들은 현황적 연구로 각 나이대별 질환의 유병률을 본 것이다. 각 개인이 얼마나 정상 수준으로 회복되는지에 대해서는 과학적으로 입증된 바가 없다.

평발이 나이가 들면서 어떻게 달라지는지에 대한 연구를 하려면 신생아들을 연구 대상으로 하여 자라면서 발이 변하는 양상을 살펴보면 될 것이다. 그러나 이 경우 연구 대상자들이 주기적으로 연구기관을 찾아 발의 변화를 측정받아야 하고 일부는 연구 도중 연락이 닿지 않게 되는 경우도 있을 것이다. 개인적인 사정으로 연구를 중단하는 경우도 있을 것이고 갑자기 멀리 이사를 가게 되어 연구기관에 찾아올 수 없게 되는 경우도 있다.

또한, 데이터를 수집하는 데 너무 오랜 시간이 걸린다는 단점도 있다. 신생아부터 발 모양을 측정한다면 이 아이들의 성장이 끝날 때까지 측정이 이어져야 한다. 이처럼 측정 기간이 긴 경우 연구를 진행하는 데 많은 어려움이 있다. 따라서 과거에 축적되어 있는 진료 데이터를 이용한다면 이러한 문제점을 해결할 수 있을 것이다.

10여 년간 평발로 병원에서 진료를 받은 환자들의 기록을 살펴보자. 모두 발 부위의 단순방사선검사(X-레이)를 시행한 것으로, 이렇게 축적된 데이터를 이용해 평발 변형이 나이가 들면서 어떻게 일어나는지 확인해 보았다.

성장이 끝나는 시점인 만 15세 이하의 어린이들 중 2회 이상 단순방사선 검사를 하고 1년 이상 병원에 다닌 366명의 환자들의 데이터가 모아졌다. 이 중에서 연구에 적합하지 않은 82명의 환자들을 제외하고 284명의 환자들이 촬영한 3,284장의 단순방사선검사 영상을 이용하여 발의 모양 변화를 관찰하였다.

참고로 284명의 환자들의 데이터는 시간의 흐름에 따라 추시적으로 얻어진 데이터이다. 이러한 연구를 통해 10세 이후부터 평발이 자연스럽게 정상수준으로 회복된다는 것을 밝혔다.[19]

전자기록시스템과 빅데이터

후향적 연구는 15년 이상 걸릴 수 있는 분석을 과거 자료를 이용하여 짧은 시간에 분석할 수 있다. 물론 이러한 후향적 연구에도 단점은 있다. 예를 들어, 10명의 여성에게 발생하는 희귀한 종양의 원인 인자를 찾기 위해 환자·대조군 연구 설계를 시행한다고 하자. 비교적 희귀한 질환에 있어서의 환자군 설정은 시간과 비용이 적게 드는 장점이 있다. 하지만 10명의 환자군과 연령이 비슷하면서 같은 병원 서비스를 받고 있는 대조군을 선정하는 데 있어서는 표본 수 등의 어려움이 발생할 수 있다. 또한, 과거 진료기록들의 형태가 불규칙적 정보들이라면 불필요한 데이터가 될 수 있다.

그러나, 요즘 전자의무기록시스템으로 환자들에 대한 임상 데이터가 텍스트 형태, 코드화된 형태, 또는 이 둘의 조합된 형태로 저장된다. 이런 이유 때문에 전자의무기록으로부터 축적되어 대량으로 전산화된 데이터는 임상연구에 유용하게 활용될 수 있는 커다란 잠재력을 갖고 있다. 새로운 의약품에 대한 임상시험에 앞서 기존에 축적되어 있는 빅데이터들을 정리·

---

19) Park MS, Kwon SS, Lee SY, Lee KM, Kim TG, Chung CY(2013), "Spontaneous Improvement of radiographic indices for idiopathic planovalgus with age", Journal of Bone and Joint Surgery.

활용하여 의미 있는 임상적 결과를 도출하는 것은 매우 중요한 일이라고 볼 수 있다.

무엇을 조심하며 살아야 하는가

발생률과 유병률

인구집단에서 발생하는 질병·출생·사망의 분포를 설명하거나, 이 결정 인자를 밝히기 위해 빈도를 측정하는 방법으로 비(ratio), 분율(proportion), 율(rate)이 있다. 이러한 빈도 측정과 관련된 학문으로는 역학이 있다.

비는 두 측정값이 완전히 독립적일 때, 한 측정값을 다른 측정값으로 나눈 형태로 나타내는 지수를 말한다. 예를 들어 심흉비(cardiothoracic ratio)는 흉부단순방사선검사에서 심장의 비대를 진단하기 위해 심장의 크기를 재는

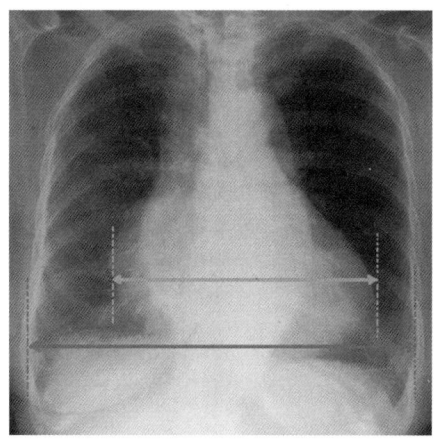

그림 5.2 심흉비 흉부단순방사선검사

지수인데, 비로 표현된다. 〈그림 5.2〉와 같이 흉곽의 가장 넓은 수평거리와 심장의 가장 넓은 수평거리 간의 비로 심장의 비대 정도를 진단할 수 있다.

분율은 분자가 분모에 포함되는 형태로 그 값은 0과 1사이에 위치하며 주로 백분율(%)로 표현된다. 예를 들어 연령에 따른 신체 비율(body proportion)을 알아볼 때, 신장을 100으로 하여 각 신체 부위의 비율을 〈그림 5.3〉과 같이 나타낼 수 있다. 〈그림 5.3〉을 보면, 0세에서는 머리와 몸의 비율이 1:3, 2세는 1:4, 6세는 1:5, 12세는 1:6, 25세는 머리와 몸의 비율이 1:7로 흔히 말하는 8등신의 비율을 갖게 됨을 보여주고 있다.

율은 분율의 분모에 시간의 개념이 포함된 특수한 형태이다. 분자에 해당되는 집단은 분모에 포함되는 집단이며 분자와 분모는 동일 기간이어야 하고 분모는 어떤 사건을 동일하게 경험하는 위험집단이어야 한다. 예로는 인구집단에서 질병의 존재 여부, 또는 사건의 위험 수준을 나타내는

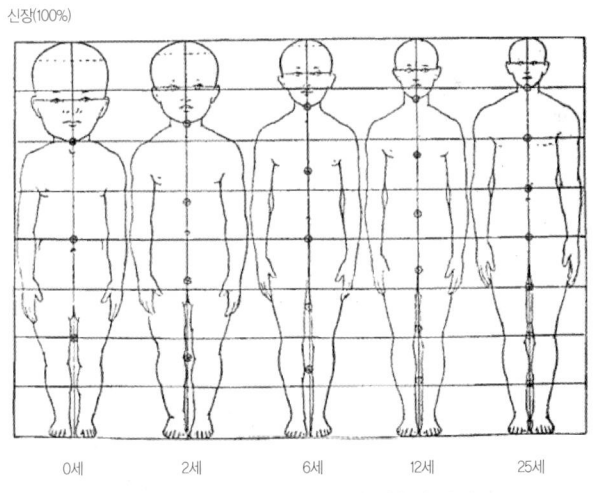

그림 5.3 연령에 따른 신체 비율의 변화

값으로 발생률, 유병률(시점, 기간), 발병률 등이 있다.

발생률(incidence)이란 특정 기간 동안 질병이 없던 인구에서 질병이 발생할 율(rate)을 말한다. 따라서 발병률이 변화했다는 것은 질환 발생에 원인이 되는 요인에 변화가 생겼거나 성공적인 예방 활동이 이루어졌다는 것을 의미한다.

유병률(prevalence)이란 한 개인이 특정 시점 또는 기간 동안 특정 질환에 이환되어 있을 확률의 추정치이다. 시간적 개념에 따라 시점 유병률(point prevalence)과 기간 유병률(period prevalence)로 분류된다. 시점 유병률은 한 시점에서의 유병상태를 나타내며, 기간 유병률은 어떤 특정한 기간 동안의 집단 질병상태를 표현한다.

사라진 천연두

'옛날 어린이들은 호환, 마마, 전쟁 등이 가장 무서운 재앙이었으나……' 라는 문구는 1980~1990년대 비디오 영상매체를 경험한 세대라면 한 번쯤 들어봤을 것이다. 호환은 아시다시피 호랑이에게 당하는 화를 뜻한다. 그럼 마마는 무엇일까? 바로 천연두를 말한다. 천연두(두창)란 발열·수포·농포성의 병적인 피부 변화를 특징으로 하는 급성 질환으로 천연두 바이러스에 의해 발생한다. 한 번 발병하면 사망할 확률이 매우 높은 감염질환으로 한때 우리나라를 포함하여 전 세계 전체 사망 원인의 10%를 차지하기도 했다. 이처럼 전염력이 매우 강하고 많은 사망자를 내기도 했으나 1796년 이후 영국 의사 에드워드 제너(Edward Jenner)가 창시한 종두가 보급되고부터 급격히 감소했다.

종두란 현대 백신의 개념으로 우두 바이러스에 의한 인공 면역법이다. 제너는 소의 젖을 짜면서 우두에 걸렸던 사람이 천연두에는 걸리지 않는 것에 착안해 백신을 개발하였다. 우리나라에서는 19세기 말 지석영 선생이 종두법을 도입했다. 6·25 전쟁 중이던 1951년에는 전 세계에서 4만여 명의 천연두 환자가 발생했으나, 1977년 소말리아에서 발생한 천연두 환자를 끝으로 더 이상 발생 보고가 없다. 이에 따라 1980년 세계보건기구는 천연두 박멸을 선언했고 현재까지 자연적인 질병의 발생이 보고된 바 없는 사라진 질환이 되었다.

즉 발병률과 유병률이 모두 0인 것이다. 천연두는 현대 사회에서 찾아볼 수 없으며 따라서 더 이상 백신도 생산되지 않는다. 현재 미국 등의 국가에서 연구 목적으로 천연두 균을 보관하고 있는 것으로 알려져 있는데 천연두 바이러스가 생물 테러무기로 이용될 가능성이 대두되어 다시 관심을 모으고 있다.

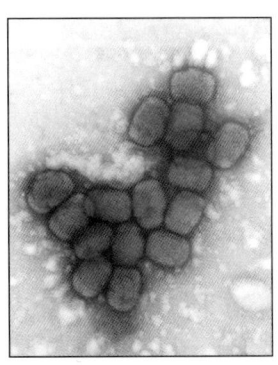

＊출처: 보성사피엔스

그림 5.4 천연두 바이러스 전자현미경 사진

백신 개발로 박멸된 소아마비

30~40대 성인들이라면 어렸을 때 동네에서 발을 저는 사람 한 두명 정도 본 기억이 있을 것이다. 한쪽 다리가 가늘기도 하고 휘청거리며 걷는 모양이 위태로워 보이기도 한다. 이는 소아마비가 원인인 경우가 많았다. 소아마비는 폴리오(polio) 바이러스에 의한 신경계의 감염으로 발생하며 회백수염의 형태로 발병한다. 1940년대 조너스 에드워드 솔크(Jonas Edward Salk)는 소아마비를 예방할 수 있는 백신을 개발하여 동물 실험을 통해서 효과를 입증하였다. 이후, 6~9세 어린이 100만 명을 대상으로 소아마비 백신을 투여한 군과 위약을 투여한 군에 대해 임상시험을 시행했다. 백신 투여 1년 후, 소아마비 백신을 투여한 아이들은 면역성이 증가했

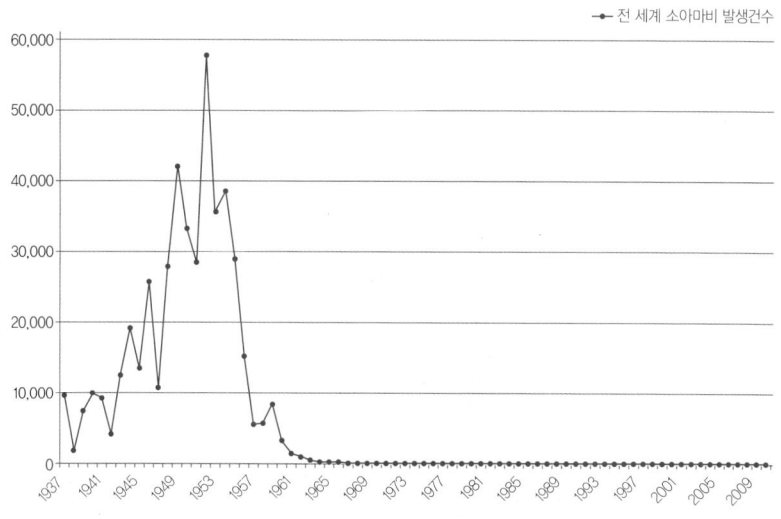

＊출처: 세계보건기구

그림 5.5 소아마비 발병률 추이

다는 것을 확인하게 되었다. 그 결과 1952년 미국에서만 57,628건이었던 소아마비 발생건수가 2년 만에 85~90퍼센트 정도로 감소했다.

예방 접종이 효과적으로 시행되면서 발생률이 감소하여 세계보건기구는 1994년에는 서유럽에, 2000년에는 우리나라를 포함한 서태평양 지역에 소아마비 박멸을 선언했다. 이는 추가 발생하는 환자가 없다는 것이며 후유증이 있는 사람들은 존재하기 때문에 발병률은 0이지만 유병률은 0이 아니다. 그러나 추가 발병이 없으니 언젠가는 유병률도 0이 될 것이다.

이처럼 백신의 개발과 예방 접종이 활발히 시행되면서 유병률이 급감하고 있는 질환들이 있는 반면에 의학의 발달로 유병률이 증가하는 질환들도 있다.

뇌성마비는 어떤 병인가

뇌성마비는 성숙하지 않은 뇌가 손상되어 자세와 운동의 이상이 생기는 질환으로, 어린이들에게서 발생하는 가장 심각한 장애 중 하나이다. 보통 임신 중이나 분만 전후, 아기였을 때와 같이 뇌가 성숙하기 전에 뇌손상을 받아서 발생하는 질환으로 감염병인 소아마비와는 다르다(〈그림 5.6〉 참조). 의학의 발달로 분만 중의 위험요소가 감소되어 뇌성마비의 발생이

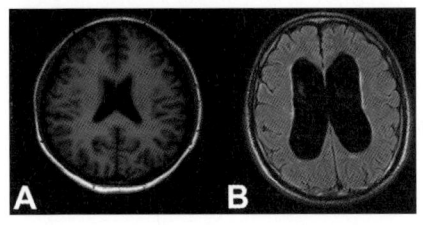

그림 5.6 정상 뇌 MRI(A) 와 뇌성마비 환자의 뇌 MRI(B)

감소되리라는 추정과는 달리, 뇌성마비 유병률은 과거에 비해 큰 변화가 없거나 증가하는 추세를 보이고 있다. 과거에는 저체중 출생아 또는 조산 아들이 사망하는 경우가 많았으나 최근에는 극저체중 출생아도 생존하는 경우가 많다. 이처럼 조산아 사망률은 줄었으나 역설적으로 조산아나 저체 중아의 생존율의 증가로 인해 뇌성마비 유병률도 증가하고 있는 것으로 보고 있다.

후천성면역결핍증의 유병률은 왜 증가하는가

유병률이 증가하고 사망률이 감소하는 질환으로 후천성면역결핍증 (AIDS)이 있다. 후천성면역결핍증을 일으키는 원인 바이러스는 인간 면역 결핍 바이러스(HIV: Human Immunodeficiency Virus)이다. 이 바이러스 에 감염되면 면역세포인 CD4 양성 T-림프구가 파괴되므로 면역력이 떨 어지게 되고 각종 감염성 질환과 종양이 발생하여 사망에 이르게 된다.

후천성면역결핍증은 아프리카에 서식하는 푸른 원숭이 몸속에 있는 바 이러스가 사람에게 전염되면서 최초로 발병하게 되었다. 그런데 어떻게 인 간의 몸에 원숭이의 바이러스가 들어가게 되었을까? 여러 가지 주장이 있 지만 사람과 원숭이 간의 성접촉을 통해 사람의 몸속으로 들어갔다는 주장 이 지배적이다. 이렇게 발생한 후천성면역결핍증은 아프리카의 일부다처 제 문화로 인해 빠르게 전파되었다고 알려져 있다.

2004년 서울대학교 보건대학원 연구에서는 후천성면역결핍증의 유병 률이 높아지게 된 원인으로 동성애를 말하고 있다. 이러한 동성애와 에이즈의 높은 유관성은 우리나라뿐만 아니라 외국에서도 발견되고 있다. 현재는 인간 면역 결핍 바이러스를 강력하게 억제할 수 있는 치료제가 개발되어 후천성면역결핍증은 불치병이 아닌 고혈압처럼 조절할 수 있는 질환으로 받아들여지고 있다. 이 질환의 사망률은 감소하고 있으나, 이로 인하여 질환을 가지고 있는 사람은 증가(유병률의 증가)하는 것으로 나타났다.

유병률이 높아지는 것을 뇌성마비나 후천성면역결핍증처럼 질병의 독성이 약해지거나 치료기술의 발달로 생존기간이 길어진 경우이며, 유병률이 낮아지는 것은 소아마비처럼 발생률이 낮아지거나 질병 발생 후에 바로 사망하거나 회복된 경우를 말한다. 이렇게 축적된 질병정보들의 유병률과

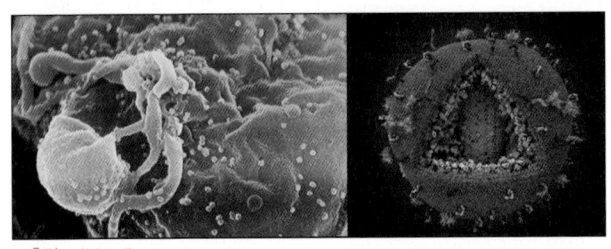

＊출처: wikipedia

그림 5.7 HIV에 감염된 숙주 세포와 3차원 일러스트

발생률을 이용하여 미래의 질병 흐름과 대안 방법 등을 모색해볼 수 있다.

100세까지 88하게

고령화로 인한 인공관절의 수요

우리는 100세 시대를 살아가고 있다. 통계청에 따르면 한국인의 현재

평균 수명은 81.9세지만 의료 기술의 발달로 이 수치는 더욱 늘어날 것으로 예상된다. 그렇다면 우리의 관절은 그 나이까지 건강할 수 있을까?

인간의 장수에 대한 열망은 과거부터 현재까지 꾸준하게 이어지고 있다. 그리고 현대의학의 눈부신 발전으로 100세 시대가 현실로 다가오고 있다. 하지만 산술적인 연령 증가뿐만 아니라 '무병장수'에 사회적 포커스가 옮겨지고 있다. 고령이라고 해서 집안이나 침대 위에서만 생활하는 것은 삶의 질을 중요시하는 현대인들에게 결코 만족스럽지 않을 것이다. 여기에 소득 수준 향상까지 맞물려 현대인들은 다양한 레저와 스포츠 활동을 즐기고 있으며 이는 우리의 일상에서 빼놓을 수 없는 부분을 차지하게 되었다. 따라서 미래의 의학은 수명을 늘리면서도 꾸준한 신체활동 능력을 유지하는 것에 초점을 맞춰야 한다.

꾸준한 신체활동을 유지하는 데 있어 건강한 관절의 유지는 무엇보다 중요하다. 하지만 관절은 일종의 소모품으로 장시간 사용하면 관절면의 연골이 닳아 없어져 관절염이 발생하게 된다. 또한 외상 등의 원인에 의해 2차적으로 발생하는 관절염까지 감안해 본다면 관절의 손상은 고령자에게만 해당되는 것은 아니다.

50세 여성의 사례를 들어보자. 이 여성은 10여 년 전 불의의 교통사고로 인해 무릎을 심하게 다쳤다. 당시 수술은 성공적으로 시행되었고 특별한 부작용 없이 가벼운 운동은 할 수 있게 되었다. 그러나 2년 전부터 무릎 통증이 시작되더니 현재는 지팡이가 없이는 걷기 어려울 정도로 통증이 심해졌다. 교통사고 당시 손상된 연골이 시간이 지나 관절염을 일으킨 것이다.

물리치료와 약물치료를 지속하고 있지만 평소 좋아하던 등산은 꿈도 꾸지 못한 채 무언가 잡지 않고서는 바닥에 앉거나 일어날 수도 없는 지경에 이르렀다. 매스컴에서는 우리나라 기대수명이 90세까지 늘었고 암 생존율이 높아지고 있다고 한다. 하지만 이 여성은 앞으로 30년 넘게 무릎 통증으로 고생할 생각에 눈앞이 캄캄하다.

관절염이라 함은 언뜻 생각해 보았을 때 수명과는 관계가 없어 보인다. 하지만 고령이 관절염의 주요 원인인자임을 생각할 때 삶의 질을 유지하기 위한 해결책이 필요하다. 관절염을 치료하기 위해 줄기세포 치료를 포함하여 다양한 치료법이 시도되고 있으나 가장 널리 사용되는 방법은 인공관절 치환술이다.

맞춤형 의료, 인공관절 치환과 3D 프린팅

인공관절 치환술이란 손상된 연골을 대체하고 관절염으로 인한 구조적 변화를 되돌리는 방법으로, 종류에 따라 다르나 보통 티타늄 합금과 폴리에틸렌 재질을 이용하여 연골을 대체하게 된다(〈그림 5.8〉 참조). 현재 우리나라에서 사용되는 인공관절 치환물은 전량 수입에 의존한다. 대부분 미국이나 유럽에서 만들어진 제품들이다. 직관적으로 생각해볼 때, 서양 사람과 동양 사람은 체구에서부터 차이가 나기 때문에 서양 사람을 중심으로 만든 인공관절 치환물이 과연 우리나라 사람에게 적합한지 의문이 들 수 있다. 또한 무릎관절의 경우, 서양 사람과 동양 사람에게 주로 발생하는 관절염의 위치는 반대이다(〈그림 5.9〉 참조).

현대의학은 개인 맞춤형 의료(personalized medicine)에 집중하고 있다.

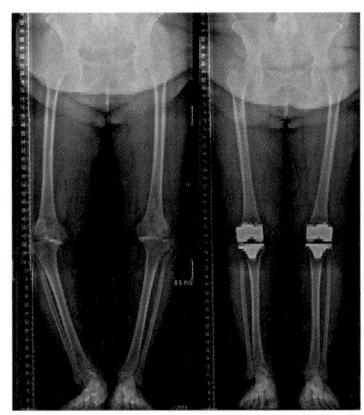

그림 5.8 인공관절 치환술 후 교정된 모습

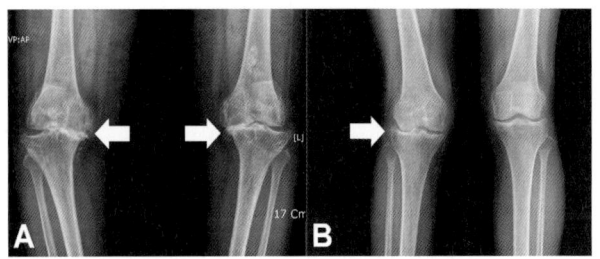

*주: 화살표 = 관절염 발생 부위

그림 5.9 A : 동양인의 X-ray, B : 서양인의 X-ray

특정 질환에는 특정 치료라는 공식이 아닌, 개인차를 인정하고 개인차에 따른 맞춤형 치료를 적용하여 치료 효과를 높이는 것이 목표이다. 인공관절 치환술의 경우에도 수술 후 예후를 좋게 하기 위하여 개인에 따라 고려할 사안이 많다. 최근에는 이를 감안하여 남녀 차이에 따라 인공관절 치환물의 디자인을 달리한 제품들이 나왔다. 하지만 각 개인의 해부학·생리학적 문제를 반영하지 못한다면 현재보다 더 나은 치료 결과를 얻기는 어려울 것이다.

이를 극복하기 위한 노력으로 3D 맞춤형 인공 무릎관절 수술이 시도되고 있다. 3D 맞춤형 인공 무릎관절 수술은 먼저 자기공명영상(MRI)이나 컴퓨터단층촬영(CT)을 통해 각 환자의 무릎관절의 모양과 크기를 정확하게 측정한 후, 환자의 무릎을 3D 입체영상으로 만들어 무릎 모양을 재현한다. 인공관절을 삽입하기 위해 잘라낼 손상 부위 연골에 맞는 모형을 3D 프린터로 제작하고 출력된 관절 모형에 맞게 무릎관절 압력과중에 영향을 미치는 골구조와 연부조직들이 무엇인지 살펴본다. 이후 맞춤형 수술 도구를 제작하고 인공관절 수술을 시행한다. 3D 프린터의 보급은 개인 맞춤형 인공관절의 커다란 장벽이었던 비용문제를 획기적으로 해결할 수 있을 것으로 기대된다.

인공관절은 세계 시장에서 2014년부터 2021년까지 연평균 성장률이 3.6%로 예측되고 2021년에는 약 181억 달러에 이를 것으로 추정하고 있다. 이는 노인 인구의 증가에 따라 퇴행성 관절염의 증가로 시장규모가 커지고 있기 때문으로 보인다. 품목별로 살펴보면 인공 무릎관절 치환술은 3.8%가 증가할 것으로 예상이 되고 엉덩이관절은 3.1%, 어깨관절은 5.2% 증가할 것으로 보인다(〈그림 5.10〉 참조).

우리나라에서도 인공관절 수술 건수는 해마다 증가하고 있다(〈그림 5.11〉 참조). 이는 고령화 현상과 맞물려 더 증가할 것으로 예상된다. 아직 시작 단계인 개인맞춤형 인공관절 치환물 시장을 선점하고 효율적인 생산 프로토콜을 개발하기 위해서는 많은 수의 인공관절에 대한 평가를 통해 각 부위의 인공관절 모델을 찾는 시도가 필요하다. 해부학적 구조를 평가하는

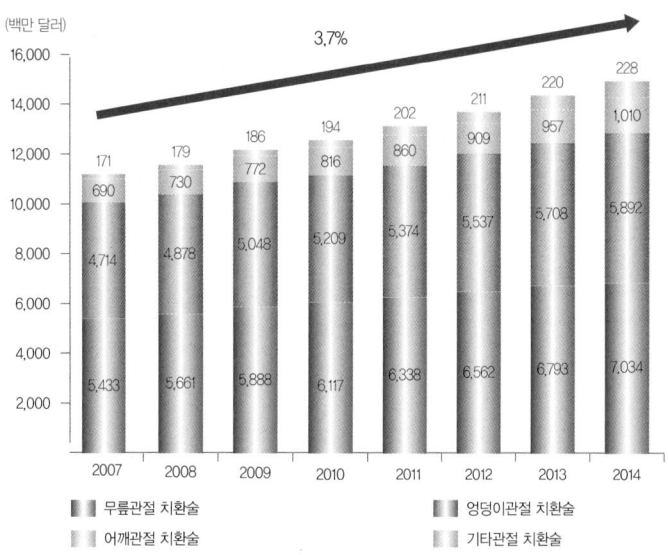

*출처: Orthopedic Devices(Hip, Knee, Other Joint Reconstruction) Market,
    Global, 2007–2014, USD Constant Millions, Global Data

그림 5.10 세계 인공관절 시장 규모

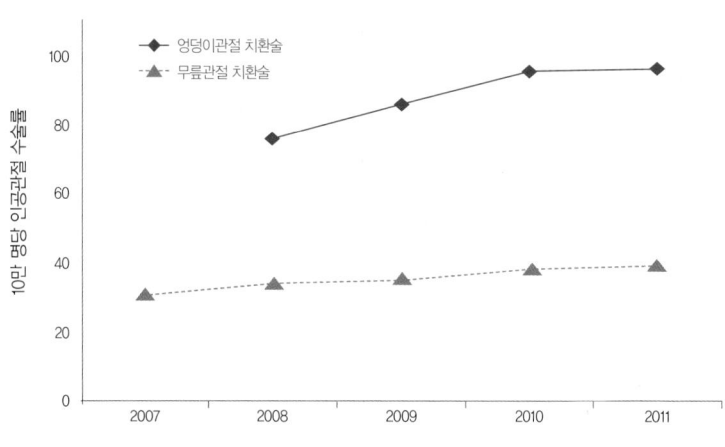

그림 5.11 우리나라 인공관절 수술율

방법은 컴퓨터단층촬영을 비롯한 방사선 검사 등으로, 필요에 의한 검사를 시행하는 환자들 외에는 데이터를 얻기 어렵다. 따라서 최소한의 연구 대상으로 최적의 모델을 찾을 수 있는 실험계획법의 적용이 반드시 필요하다.

실험계획법이란

실험계획법(design of experiments)이란 해결하고자 하는 문제에 대하여 실험을 어떻게 행하고 데이터를 어떻게 취하며, 어떠한 통계적 방법으로 분석하면 최소의 실험횟수로 최대의 정보를 얻을 수 있는가를 계획하는 것이다. 실험을 실시하여 얻어진 데이터를 분석하여 그 결과를 실제로 적용시키는 일련의 과정은 다음과 같다.

먼저, 실험을 통하여 얻고자 하는 목적을 명확히 설정하고 그 목적을 달성하기 위하여 이와 관련된 실험의 반응치를 특성치로 선택한다. 특성치에

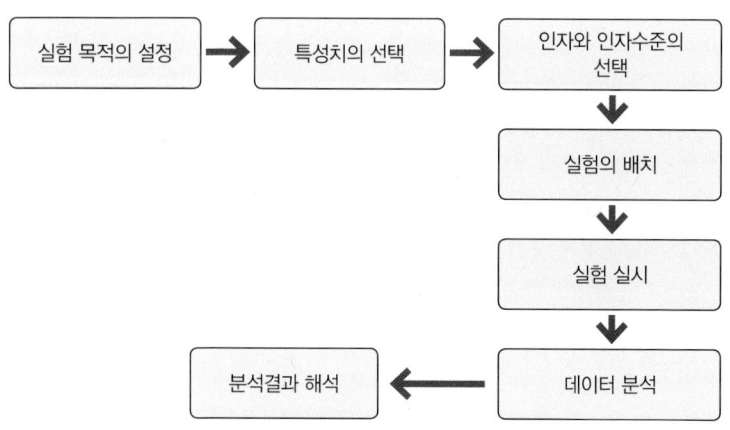

그림 5.12 실험계획법의 실험 순서 도표

영향을 주는 관련 인자(factor)는 모두 선택하는 것이 원칙이다. 하지만 과다한 인자수는 실험의 정도(precision)를 떨어뜨리고 실험비용이 많이 들기 때문에 실험의 목적을 달성할 수 있다고 생각되는 범위 내에서 최소의 인자를 택하도록 한다.

최소의 인자와 인자수준이 정해지면 인자수준 간의 조합을 랜덤하게 배치하는 랜덤화(randomization) 실험을 실시한다. 실험배치가 끝나고 실험순서가 정해지면 실험을 실시하고 여기서 얻은 데이터에 대하여 어떠한 통계적 방법을 사용해 분석할 것인가를 정하여야 한다.

데이터 분석은 가능하면 그래프(graph)화하여 특성치의 변동 상황과 최적조건의 위치를 한눈에 알아볼 수 있도록 한다. 실험 결과로부터 최적조건이 얻어지면 이 조건에서 특성치에 대해 추정하고 결론을 내린다.

이처럼 통계학은 개인 맞춤형 의료에서 중요한 위치에 있기 때문에 미래 의료산업을 선도할 수 있는 통계학의 활용이 매우 중요하다.

자살률 세계 1위, 한국

우리나라 자살률 순위는

2014년 경제개발협력기구(OECD)에 따르면 한국의 자살률은 인구 10만 명당 29.1명으로, 34개 OECD 회원국가 중 10년째 1위를 하고 있다. 한국의 자살률은 세계에서 가장 높은 수준이고 특히 IMF 이후 많이 상승하였다. 경제력에 있어서 선진국의 문을 두드릴 정도로 향상된 생활수준을 보이는데 왜 많은 한국인들이 스스로 목숨을 끊을까?

미래학자 토마스 프레이 다빈치연구소 소장은 "한국은 경쟁 덕에 압축 성장을 했지만, 경쟁 때문에 삶이 피곤해졌다"고 말했다. 하지만 자살률의 원인이 '지나친 경쟁사회 문화'에만 있는 것일까? 근본적인 원인을 찾아 해결하지 않으면 앞으로도 '자살률 1위'라는 꼬리표는 계속 따라다닐 수밖에 없다.

2014년 세계보건기구 보고서에 따르면, 한국의 자살률은 2000년과 비교했을 때 2012년에 109.4% 증가하여 키프로스에 이어 세계 2위로 나타났다. 그러나 이것은 단순히 증가율만을 본 것이고 실제 자살 사망 횟수는 한국이 키프로스에 비해 압도적으로 높음을 알 수가 있다. 키프로스의 실제 자살률은 2000년, 2012년 모두 인구 10만 명당 5명 이하 꼴로 낮은 편이지만 한국은 약 13명에서 30명으로 증가했다. 오히려 북한은 2000년과 2012년을 비교했을 때 자살률이 18.6%로 감소했다. 물론 북한 관련 통계치는 오차가 클 수 있다는 점을 고려해야 한다.

왜 도시가 농촌보다 자살률이 높은가

프랑스 사회학자 다비드 에밀 뒤르켐(David Emile Durkheim)은 도시가 농촌보다 사회적 규범이 약하여 아노미적 자살(anomic suicide)이 많을 것이라고 주장했다. 여기서 아노미적 자살이란 기대하지 않았던 재앙이나 빠른 경제성장, 그와 비슷한 혼란과 같은 사회질서의 심각한 붕괴와 결합된 자살을 말한다.

실제로 잉글랜드와 웨일즈 지역을 대상으로 한 자살 연구에서 도시 중심부의 자살률이 나머지 지역의 자살률보다 높은 것으로 나타났다.[20] 그러나 최근 국외 연구들에서는 도시보다 농촌지역에서 자살률이 높다고 보고하고 있다.[21]

우리나라에서도 2010년 인구 10만 명당 자살 사망자 수는 강원도가 44.4명인데 비해 서울특별시는 26.2명으로 더 낮았다.[22] 또한, 2006년부터 2010년까지 시도별 자살에 의한 사망률은 충청남도와 강원도가 가장 높았고 서울특별시와 울산광역시가 낮은 것을 볼 수 있다. 전반적으로 도시 중심부(특별시, 광역시, 경기도)의 자살률이 낮은 경향을 보이는 반면, 지방 지역이 높은 경향을 보이고 있다.

〈표 5.1〉은 시도별 연령에 따른 차이의 구분 없이 분포되어 있다. 특히 자살률이 높은 특정 연령대의 사람들이 많이 있는 지역은 전반적으로 자살률이 높은 것처럼 보일 수 있다. 이러한 편향(bias)을 없애기 위해서 연령에 의한 보정을 통해 시도별 자살률을 비교해야 한다.

통제변수의 보정

연령이라는 변수처럼 직접 혹은 간접적으로 영향을 미칠 가능성이 있는 변수들을 통제변수(control variable)라고 한다. 연구를 수행함에 있어서

---

20) Middleton, N., Sterne, J.A.C.&Gunnell,D.J.(2008), "An atlas of suicide mortality: England and Wales", 1988–1994, Health & Place, 14, 492–506.

21) Chang et al(2011), Charlton(1995), Hirsch(2006), Otsu, Araki, Sakai, Yokoyama & Scott Voorhees(2004).

22) National Statistics Office(2011).

표 5.1 시도별 자살률(인구 10만 명 당 자살 사망자 수)

(단뒤 : 명)

시도별	2010년	2011년	2012년	2013년	2014년
전국	31.2	31.7	28.1	28.5	27.3
서울특별시	26.2	26.9	23.8	25.6	24.7
부산광역시	32.9	31.9	30.0	29.0	28.7
대구광역시	29.7	29.6	24.2	26.8	25.2
인천광역시	32.2	32.8	31.2	30.6	29.1
광주광역시	30.7	26.5	25.4	22.6	23.8
대전광역시	29.2	29.7	25.3	23.9	26.8
울산광역시	24.4	25.6	23.2	24.8	25.4
세종특별자치시	–	–	41.6	19.7	18.1
경기도	29.5	30.5	27.0	27.9	25.7
강원도	44.4	45.2	38.3	38.5	36.8
충청북도	35.9	38.9	36.6	34.8	31.5
충청남도	44.6	44.9	37.2	37.4	36.5
전라북도	33.2	37.3	29.2	29.7	28.8
전라남도	33.9	33.9	31.3	30.8	29.4
경상북도	35.4	35.1	32.5	31.1	28.4
경상남도	32.0	32.2	26.9	27.3	26.5
제주특별자치도	31.4	31.0	31.5	32.9	27.2

＊출처: 통계청

이런 변수들을 보정(adjust)하면 보다 타당한 연구결과를 얻을 수 있다.

또한 연령이라는 변수가 지역별 자살률 차이의 검정에 영향을 끼치게 되어 올바른 결과로 받아들일 수가 없게 된다. 추정된 결과가 좋은 통계량 으로 받아들이기 위해서는 치우침이 없는 비편향(unbiased)의 성질을 만 족해야 한다. 2010년 자료에는 시도별 연령을 보정한 후에도 서울특별시와 울산광역시가 가장 낮은 자살 사망률을 보였고 충청남도와 강원도가 가장 높았다. 연령을 보정한 후에도 충청남도와 강원도의 자살률이 높은 것은 단순히 고령자가 많아서가 아니라 지역적 특성과 관련이 있음을 예측해 볼 수 있다(〈그림 5.13〉 참조).

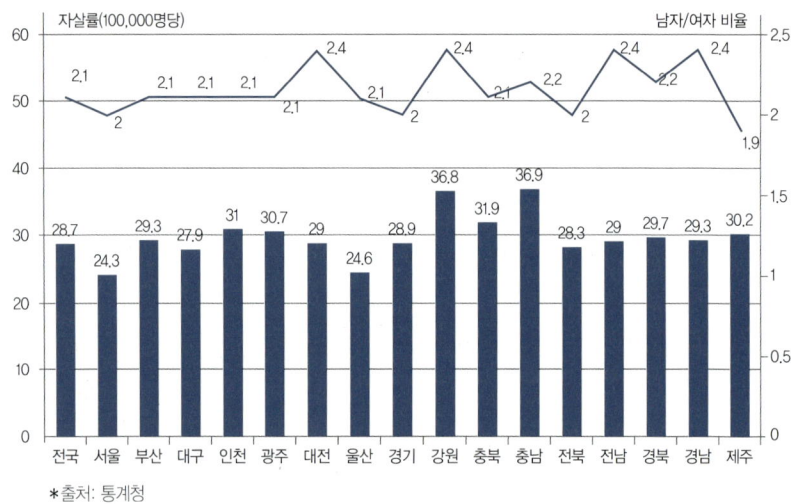

*출처: 통계청

그림 5.13 시도별 연령 보정 자살률

우리 아들·딸은 150세까지

빠르게 증가하는 기대수명

'9988234', 99세까지 88하게 살다가 2~3일만 앓고 죽자는 뜻을 담고 있다. 생활환경의 개선과 과학, 의료기술의 발달로 평균수명이 늘어나고 있으며 한국을 비롯해 미국, 영국, 일본 그리고 많은 유럽 국가들에서 60세 이상 인구 비중이 급격하게 증가하고 있다. 또한 생명 연장에 대한 꿈이 현실화되면서 질병 없이 건강하게 살 수 있는 건강수명 대비 기대수명도 늘어나, 보다 건강하고 젊게 살기 바라는 수요가 지속적으로 증가하고 있다.

여기서 기대수명(life expectancy at birth)이란 한 아이가 태어났을 때 앞으로 얼마나 더 살 수 있을까 통계적으로 추정한 기대치이고, 어느 연령에 도달한 사람이 그 이후 얼마나 더 살 수 있을 것인가를 계산한 것이 기대여명(life expectancy)이다.

통계청에서 발표한 「2014년 생명표」에 따르면, 2014년 출생아의 기대수명은 남자가 79.0년, 여자가 85.5년으로 평균 기대수명은 82.4년으로 나타났다. 이는 경제개발협력기구(OECD) 34개국의 평균 77.8년과 비교하면 상당히 높은 수준으로, '기대수명 선진국'이라고 할 수 있다. 우리나라의 남녀 간 기대수명 차이는 6.5년으로 OECD 국가의 평균인 5.2년보다

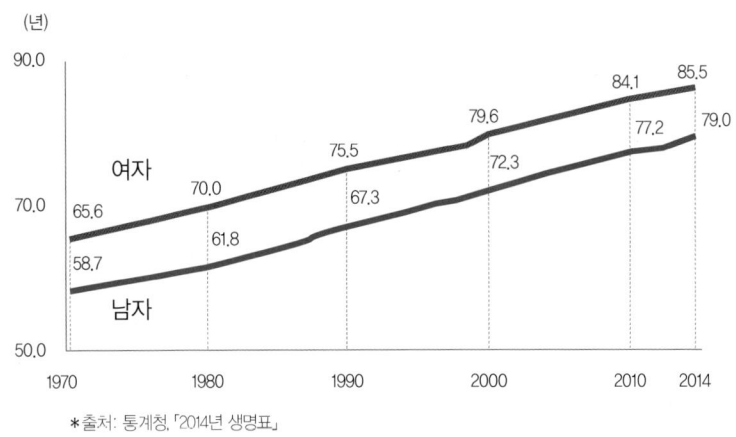

*출처: 통계청, 「2014년 생명표」

그림 5.14 남녀 기대수명 추이

높으며, 일본, 포르투갈, 프랑스와 비슷한 수준이다. 흥미로운 현상은 평균수명의 증가속도이다. 10년마다 기대수명이 5년 정도씩 지속적으로 늘어난 것을 본다면 30년 후에는 15년 정도 평균수명이 증가하여 평균기대수명이 대략 100세 수준이 될 것으로 보인다(〈그림 5.14〉 참조).

  2014년 특정 연령까지 생존한 사람이 앞으로 얼마나 더 생존할지 예상하는 기대여명은 〈그림 5.15〉와 같다. 2014년 40세 남자와 여자는 각각 40.2년, 46.3년을, 60세 남자와 여자는 각각 22.4년, 27.4년을 더 생존할 것으로 예상한다. 또한, 2013년 대비 2014년의 연령별 기대여명은 남녀 모든 연령층에서 증가하고 있다.

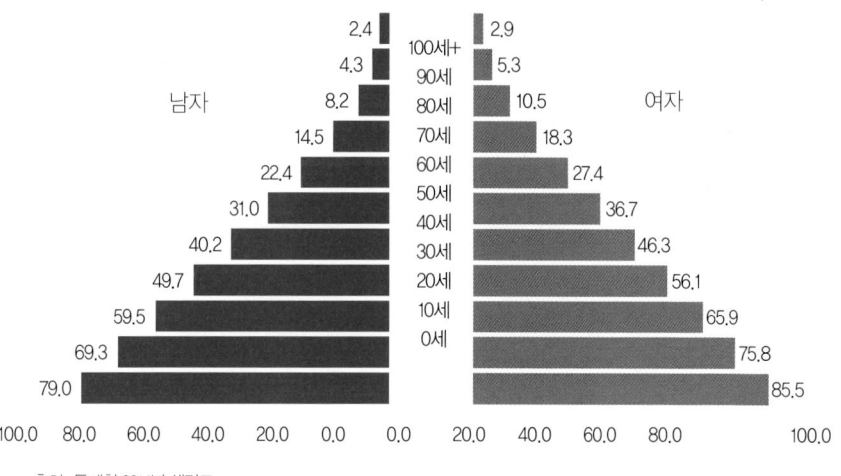

＊출처: 통계청 2014년 생명표

그림 5.15 성·연령별 기대여명

얼마나 건강하게 살 것인가?

평균수명이 예전에 비해 많이 늘었지만 아직 생물학적인 기대수명에는 크게 못 미치고 있다. 100세 시대를 맞이하여 '얼마나 오래 사느냐'보다 '얼마나 건강하게 사느냐'가 중요하다.

길어지는 기대수명 중 건강하게 살 수 있는 수명은 얼마나 될까? 질병 없이 건강하게 살아가는 나이를 건강수명이라고 하는데, 평균기대수명은 늘어난 반면 건강수명은 그다지 길지 않다. 남자는 68.3년, 여자는 72.1년으로 추정하고 있다. 다시 말하면 2014년에 출생한 남자는 기대수명 중 10.7년을, 여자는 13.4년을 건강하지 않은 상태로 생존한다는 의미로 해석할 수 있다.

이러한 통계수치의 결과로 알 수 있듯이 기대수명은 점점 늘어나는 것에 비해 건강수명은 짧아지고 있다.

의료기술의 발달로 평균수명이 연장되고 있고 특히 우리나라는 의료 환경이 좋아지면서 65세 이상 노인들의 평균수명이 길어지고 있다. 하지만 고혈압, 당뇨 등과 같은 만성질환과 각종 성인병 환자들이 늘어남에 따라 건강하게 살아가는 건강수명은 짧아지고 있는 것이다. 그동안의 의료기술이 기대수명을 늘리는 데 주력하였다면 앞으로는 기대수명과 건강수명을 함께 늘릴 수 있는 방법을 강구해야 할 것이다.

6장

다양한 산업 트렌드를 이끄는 빅데이터

2000년대 초부터 바이오 의약품에 대한 투자가 활발히 이루어지면서 최근 '신약 개발'과 '바이오시밀러(biosimilar)' 등의 비중이 커지고 있다. 또한 의료 빅데이터 분석은 병원·보험· 헬스케어와 같은 의료 서비스 산업의 질적 발전으로 이어지면서 결과적으로 '의료 한류'가 세계로 뻗어나가는 원동력이 되고 있다.

미래의 새로운 먹거리 바이오시밀러

바이오시밀러란 무엇인가

「2015년 바이오 의약품 글로벌 성장 정책포럼」에서는 2004년 13%에 그쳤던 바이오 의약품 시장점유율이 2014년에는 21%까지 성장했다고 밝혔다. 또한 2008년 글로벌 판매금액 상위 10개 의약품 목록 중 3개를 차지했던 바이오 의약품이 2014년에는 5개로 증가했다고 발표하였다. 연구개발(R&D: Research and Development)에서 바이오 의약품이 차지하는 비중이 커지면서 백신과 함께 가장 높은 성장률을 보일 것으로 예상하고 있다. 특히, 제약회사들은 미래의 먹거리를 바이오 의약품의 핵심인 바이오시밀러(biosimilar)에 두고 투자에 집중하고 있다.

〈그림 6.1〉에서 보면, 바이오 의약품 시장의 규모와 비중이 점점 증가하고 있음을 알 수 있다. 바이오 의약품은 개발 비용이 많이 들지만 약의 가격 또한

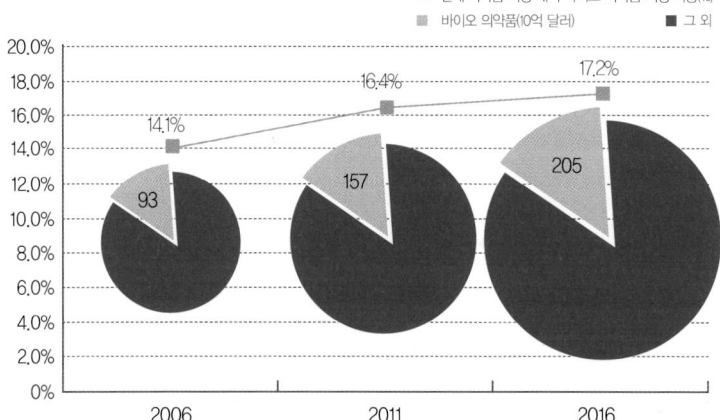

＊출처: 한국신용평가, 「MS Health Medicine Outlook Through 2016 Report」

그림 6.1 바이오 의약품 시장 비중 추이

높은 것이 특징이다. 기본 개발비가 높기 때문에 소규모 제약회사들이 쉽게 뛰어들 수 있는 시장이 아니라 경쟁자가 적은 시장이라고 해석할 수 있다.

이러한 바이오 의약품이 기존의 합성 의약품과 다른 점은 무엇일까? 〈그림 6.2〉에서 보면, 기존의 합성 의약품들은 화학물질을 바탕으로 화학적 요소를 결합시켜 개발한 의약품이지만 바이오 의약품은 생물의 세포를 배양해서 만들어내는 의약품이다. 그러한 세포로 만드는 바이오 의약품의 복제약(copy)을 바이오시밀러라고 한다.

바이오 의약품은 세포 배양 과정에서 환경이 조금만 바뀌어도 최종 생성물이 달라진다. 세포는 단백질로 구성되어 있어 여러 가지 단백질과 복잡한 아미노산의 배열이 영향을 미치기 때문에 배양과정에서 환경에 의해 생성물이 쉽게 바뀔 수 있다. 따라서 바이오시밀러는 오리지널 바이오 의약품

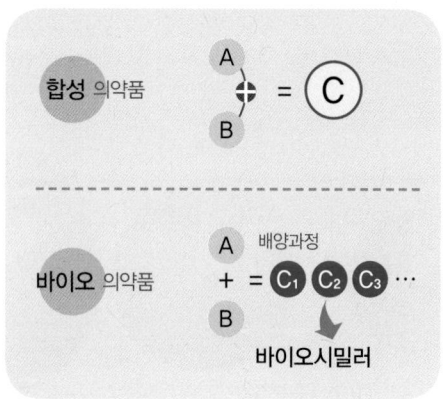

그림 6.2 바이오 의약품과 합성 의약품 비교

과 비교했을 때 성질과 특성이 동일하지만 약효가 약간씩 다르다.

바이오시밀러를 만들 때는 배양조건과 방법에 따라 단백질의 특성이 달라지는 세포배양 기술과 유전자 재조합 기술이 이용된다. 이러한 기술로 만들어진 바이오시밀러는 임상시험을 통해 바이오 의약품과의 동등성을 입증해야 한다. 즉, 생물학적 동등성시험을 통해 복제약이 오리지널 약과 동등하다는 것을 보이는 것이다.

임상시험은 어떻게 이루어지는가

동등성을 입증하기 위한 임상시험과 의약품 판매 허가를 위한 단계가 어떻게 이루어지는지 살펴보자. 1938년 미국에서 소아용 실파 시럽제 사고로 109명이 사망한 사건 이후 미국의 식품의약국(FDA: Food and Drug Administration)은 처음으로 신약 시판 승인 때 제조업계에 인체 안전성 데이터를 요구하게 되었다.

1962년까지 신약의 유효성에 관한 규정이나 임상시험의 구체적인 가이드라인이 없었다. 1956년에 보급되어 유럽에서 만 명의 기형아(phocomelia) 출산 비극을 초래한 탈리도마이드(thalidomide) 사건은 전 세계에 큰 쇼크를 주었고 이것이 계기가 되었다. 미국 시판이 허가되지 않은 상태에서 9명의 기형아가 태어나자 1962년에 케파우버-해리스 수정안(Kefauver-Harris Amendments)을 통해 의약품 관련 규정을 대대적으로 바꿨다.

이후, FDA는 1964년 헬싱키(Helsinki) 선언을 토대로 임상시험 피험자의 권익보호 차원에서 윤리적인 발전과 과학화를 추진하였다. 임상시험에 대한 각종 가이드라인을 지속적으로 마련하였으며 1981년 임상시험 관리기준(GCP: Good Clinical Practice)을 의무화하기에 이르렀다. 여기에 최근 신약 개발 과정에 대한 국제적 표준화 작업이 미국, 유럽연합(EU: European Union), 일본을 중심으로 한 의약품규제국제협력조화회의(ICH: The International Conference on Harmonization of Technical Requirements for Registration of Pharmaceuticals for Human Use)에서 1992년부터 시작되면서 신약 개발 단계에서 요구되는 전임상 및 임상시험자료와 임상개발 과정의 개념이 변화하였다.

신약 개발 단계

우리나라의 경우, 1980년대 중반 이후 신약 개발 연구의 활성화와 1995년 한국 의약품 임상시험 관리기준(KGCP: Korea Good Clinical Practice) 시행 등으로 신약 개발 및 임상시험 여건의 변화를 보임으로써 선진국 형태로 정립되어가는 단계이다. 〈그림 6.3〉과 같이 신약 개발은 오랜 시간과 비용이 드는 복잡한 과정이지만 통계학적 측면에서 간략히 설명하고자 한다.

처음 단계는 후보물질 개발이다. 신약이 될 후보물질을 개발하는 이 단계에서 천연식물에서 어떤 물질을 추출하거나 인공적인 합성이 이루어진다. 예를 들어, 버섯에 항암작용을 하는 성분이 있다는 여러 경험적인 연구결과가 있으면 버섯에서 항암작용을 하는 물질을 찾아내 추출하는 것이다. 인공적으로 합성하는 경우는 이전의 많은 실패와 성공의 경험을 토대로 어떤 화학적 구조식을 갖는 물질이 치료 효과가 있을지 예상해서 진행한다.

이렇게 만들어진 후보물질은 전임상시험 단계에 들어가게 된다. 실험쥐 같은 동물을 이용하여 후보물질의 약효가 있는지 독성은 없는지 테스트해보게 된다. 예를 들어 항암제를 개발하려는 경우, 암에 걸린 쥐에게 항암

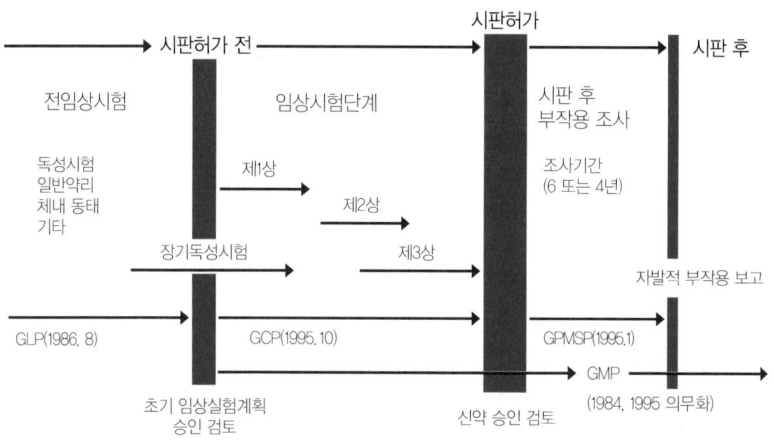

* 출처: 식품의약품안전처

그림 6.3 국내 신약 개발 단계 및 관련 규정

효과를 테스트해보고 독성 시험을 실시하여 독성여부를 판단하게 된다. 약효가 없거나 독성이 심한 후보물질은 이 단계에서 탈락하게 된다.

이 단계를 통과하면 최초로 사람에게 후보물질을 투여한다. 이를 1상 임상시험이라고 한다.

여기서는 투여된 약이 어떻게 흡수되어 몸 안에 분포되고 배출되는지 확인하고 독성은 없는지 살펴보게 된다. 물론, 심한 독성이 있다고 판단되는 경우에 후보물질은 탈락하게 된다.

그 다음으로 2상 임상시험을 하게 되는데, 여기서는 환자들에게 후보물질의 용량을 다양하게 투여하여 최적의 용량을 찾아낸다. 만일 설정한 용량을 투여해도 약효과가 없다고 판단되는 경우에는 후보물질은 탈락하게 된다.

다음 3상 임상시험 단계에서는 2상 임상시험에서 선택한 용량을 투여받은 환자 그룹과 대조군 그룹을 비교하게 된다.

3상 임상시험은 여러 환자를 대상으로 한다. 무작위 배정(randomization)으로 환자들을 시험군과 대조군에 배치하고 이중 눈가림(double-blind)을 사용하여 위약 효과(placebo effect)를 제거한다. 엄격한 통계분석을 거쳐 의미 있는 결과가 나오게 되면 식품의약품안전처에 제출하여 승인 및 판매 허가를 받는다.

전임상, 1상, 2상, 3상의 과정 중 3상 임상시험에서 통계학이 매우 큰 역할을 하게 된다. 그 이유는 3상 임상시험이 확증적 임상시험이며 무작위 배정과 이중 눈가림을 사용하여 과학적으로 약효를 판단할 수 있기 때문이다. 물론, 전임상과 2상에서도 통계학이 중요한 역할을 하며 최근에는

1상에서도 통계적 방법이 사용되고 있다.

그렇다면 3상 임상시험 결과로 통계적 가설검정을 할 때 가장 중요한 일은 무엇일까? 사용한 통계 검정 방법의 제1종의 오류가 5% 이하로 잘 통제되었는지를 확인하는 일이다.

제1종의 오류란 무엇인가?

제1종의 오류란, 귀무가설이 사실임에도 불구하고 대립가설을 채택하는 오류이다. 즉 3상 임상시험에서 약효가 없는 약을 약효가 있다고 결정하는 오류를 말한다. 반면에, 제2종의 오류는 약효가 있는 약을 약효가 없다고 결정하는 오류이다. 3상 임상시험 결과를 최종적으로 평가하는 식약처의 주 임무는 엉터리 약으로부터 국민건강을 보호하는 데 있다. 그러므로 식약처 입장에서는 제1종의 오류를 5% 이하로 통제하는 것이 중요하다. 반면에 제약회사 입장에서는 제2종의 오류가 더 치명적일 수 있다. 양심적인 회사라면, 제1종의 오류를 가장 심각한 오류로 놓고 5% 이상 범하지 않도록 노력해야 한다.

두 약제를 비교하는 연구를 할 때 대상자가 어떠한 치료를 받는지 관찰자가 미리 알게 된다면 결과에 영향을 미칠 것이다. 즉, 응답에서 발생할 수 있는 편향(bias)이 시험의 결과에 영향을 미칠 수 있게 된다. 이러한 이유로, 대상자가 어떠한 치료를 받고 있는지 대상자 본인과 평가자 모두 모르게 하는 설계가 이중 눈가림법이다.

새로운 치료약을 치료효과가 없는 약과 비교하기 위한 이중 눈가림 연구의 경우, 치료효과가 없는 약은 가짜 약, 즉 활성약과 외향이 동일하고 약물학적으로는 비활성인 위약(placebo)을 주어야 한다. 이러한 위약의 사용은 새로운 치료의 효용성과 부작용을 평가할 수 있게 해준다.

바이오시밀러의 잠재력은 무엇인가

복잡한 제조과정과 임상시험과정을 거쳐야만 하는 바이오시밀러에 많은 제약회사들이 투자하는 이유는 무엇일까? 바이오 의약품은 기존의 합성 의약품보다 부작용이 적고 효능이 우수하며, 화학 합성으로 제조할 수 없는 약을 제조할 수 있다는 장점을 가지고 있기 때문이다. 따라서, 이러한 바이오 의약품의 대체재인 바이오시밀러는 바이오 의약품과 효능이 비슷하면서도 가격은 훨씬 저렴한 장점이 있어 향후 큰 성장을 기대하고 있다.

이러한 장점 때문에 바이오시밀러는 경제적 여건으로 바이오 의약품을 사용하지 못했던 환자들의 수요를 증가시킬 것으로 예상한다. 앞으로 바이오시밀러 연구 개발에 더욱 박차를 가하여 바이오시밀러가 국내 시장을 활성화하고 더 나아가 글로벌 시장에서도 큰 활약을 할 것이라고 기대하고 있다.

진료 차트에 무수한 정보들이 있다

의료 데이터에서의 텍스트 마이닝

최근 구글(Google)은 독감 증상들에 관한 검색어가 얼마나 자주 검색되는지를 분석하여 독감의 트렌드 파악과 예측에 사용하고 있다. 구글 검색창에 독감, 인플루엔자 등 독감과 관련된 검색어 쿼리의 빈도를 조사하여 '구글 독감 동향(Google Flu Trends)'이라는 독감 확산 조기 경보체계를 마련한 것이다. 이를 미국의 질병통제예방센터의 데이터와 비교한 결과, 여러 수치에서 매우 비슷하다는 것을 확인하였으며 이러한 구글의 결과는 질병통제예방센터의 발표보다 상당히 앞서 탐지한 결과이어서 더욱 놀랍다.

구글이 이러한 독감 동향에 대해 예측을 할 수 있었던 것은 구글 자체의 빅데이터 플랫폼 인프라를 구축하여 활용함으로써 가능할 수 있었다(〈그림 6.4〉 참조). 빅데이터 플랫폼 인프라의 발전을 유도한 구글을 통해 최근 의료 분야에서의 빅데이터 플랫폼 구축이 활발히 진행되고 있다.

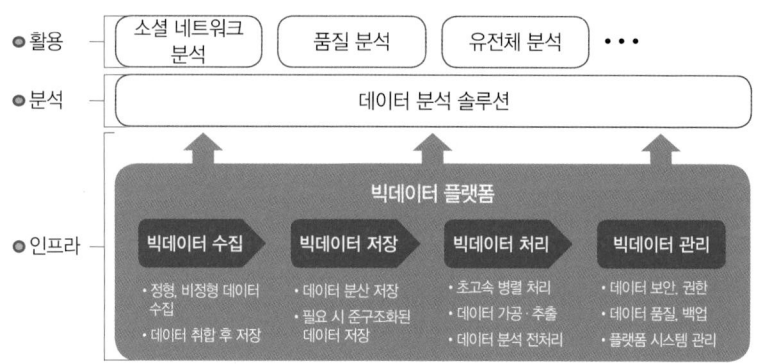

*출처: 이주열(2013), 「빅데이터 플랫폼의 미래」

그림 6.4 빅데이터 플랫폼을 이용한 구글의 인프라 활용

전자의무기록과 빅데이터

IDC(International Data Corporation)는 2012년 500PB(Petabyte,

100억 개의 캐비닛 분량)였던 의료 데이터의 양이 2020년에는 25,000PB로 증가할 것으로 예상했다.[23] 약 10년이 안 되는 기간에 데이터양이 50배 증가하는 것이다. 의료 데이터는 내시경 등에서 촬영되는 영상 데이터, 음성 데이터와 다양한 센서의 측정데이터, 의사의 진료기록인 문자 데이터 등 다양한 종류가 있다. 이 데이터들 중 전자의무기록(EMR: Electronic Medical Record)은 문서로 된 의무기록정보를 활용하여 의료 서비스의 질 향상을 도모하고 있다. 더불어, 개인 맞춤형 의료 서비스 시대가 도래하면서 지금까지 축적되어 있던 환자 개인 기록·영상 등의 정보를 활용하는 게 무엇보다 중요해졌다.

이러한 목적을 가진 미래형 첨단 의료기술의 대표 사례가 IBM이 개발한 인공지능 슈퍼컴퓨터 '왓슨(Watson)'이다. 왓슨은 2012년 미국의 퀴즈쇼 '제퍼디(Jeopardy)'에서 우승한 이후, 의학을 비롯한 다양한 분야에 진출하여 빅데이터를 활용한 최적의 암 치료법을 도출하고 있다. 이를 위해 뉴욕의 최대 종합 암센터인 MSKCC(Memorial Sloan-Kettering Cancer Center)와 협력하여 폐암·유방암 등의 분야에 집중하고 있다. MSKCC에서는 논문, 가이드라인, 의사들의 임상노트 등 방대한 데이터를 습득하고 의료진들의 교정 작업 등을 통해 왓슨의 알고리즘을 고도화하고 있다.

이러한 예에서 왓슨의 자연어를 이용한 문서처리, 즉 자연어 처리 기술 수준을 엿볼 수 있다.

---

23) IDC, "Health Insights, Bigger Data for Better Healthcare", 2013. 11.

전자의무기록과 자연어 처리

병원에 가서 진료를 받으면 의사는 진료기록부(chart)에 기록을 하면서 환자를 진료한다. 전산으로 입력된 진료기록은 병원 어디에서나 온라인으로 조회할 수 있어 신속하게 환자의 진료를 돕는다. 과거에는 접수를 마치고 진료실 앞에서 차트가 올 때까지 한참을 기다렸다면 요즘은 바로 진료실로 들어간다. 수기가 사라지고 키보드로 정보 입력이 이루어지며 진료기록도 차트 보관실이 아니라 전산실 메인 컴퓨터에 저장된다. 전자의무기록의 도입을 '병원에서 차트가 사라졌다'라고 표현하기도 한다.

자연어 처리(NLP: Natural Language Processing)란 인간이 사용하는 언어를 기계가 인식할 수 있는 형태로 입력 형식을 바꿔주거나 바뀐 형식을 다시 인간이 이해할 수 있는 언어로 표현하는 기술이다. 인간의 언어를 이해하고 이를 바탕으로 각종 정보처리에 적용함으로써 보다 빠르고 편리한 정보를 획득할 수 있다. 이는 인간의 언어가 사용되는 모든 영역에서 응용되고 있다. 예를 들어, 정보검색, 질의응답 시스템, 문서의 작성·요약·분류, 문법 오류 검사 및 수정 등에 이용된다.

의료영상저장 전송시스템이란

의료영상저장 전송시스템(PACS: Picture Archiving Communication System)이란 기존의 필름으로 진단하고 판독하던 병원의 업무를 컴퓨터와 네트워크를 통하여 통합적으로 처리하는 디지털 의료영상저장 전송시스템을 말한다. 이를 통하여 연결할 수 있는 의료기기는 기본적으로 방사선과 의료영상 장비들인데, 컴퓨터단층촬영장치(CT: Computed Tomography), 자기공명영상촬영장치(MRI: Magnetic Resonance Imaging), 투시촬영장치, 혈관조영장치, 유방암검진기 등의 핵의학 영상 장비들이 있다. 초음파, 내시경, 현미경 등의 이미지도 연동이 가능하다. 그러나 이들 의료영상 장비가 의료영상저장 전송시스템과 연동하기 위해서는 영상의 디지털화가 선행되어야 하며 이 시스템으로 '필름 없는 병원 시스템'을 구축할 수 있다.

빅데이터 기반 하에 세계로 뻗어가는 의료 한류

국내 의료기관을 찾는 외국인 환자

사례 1 말기 신부전증을 앓고 있는 A씨는 UAE의 의뢰로 2013년 12월 서울 S대학병원에 입원, 생체신장이식을 받고 2014년 3월 퇴원하였다. 허혈성 심질환으로 3년 전 관상동맥우회술과 관상동맥중재술을 받았으며, 중국의 모 대학병원에서 이식수술을 거부받은 적이 있다. 현재 합병증 없이 외래 진료를 받으며 건강을 회복 중이다.

사례 2 선천성 심장병을 앓고 있는 생후 9개월된 우즈베키스탄 여자아이와 4세 남자아이가 2014년 12월 경기도 S대학병원에 입원, 성공적인 수술을 마치고 2014년 12월에 귀국했다.

한류(Korean Wave)란 대중문화뿐만 아니라 한국에 관련된 모든 것들이 다른 나라 사람들에게 대중적 인기를 얻는 현상이다. 한국문화의 영향력이 커지면서 1990년대에 파생된 신조어로, 이러한 한류 열풍이 의료계에도 불고 있다. 2009년 정부가 외국인 환자 유치를 신성장동력 사업으로 주목한 이후 많은 변화가 있었다. 외국인 환자와의 원활한 의사소통을 위한 전문인력 양성은 물론, 다양한 맞춤형 의료 서비스 개발 등 해외 환자 유치에 심혈을 기울이고 있다. 보건복지부와 한국보건산업진흥원에 따르면 2015년에 총 29만여 명의 외국인 환자가 국내 의료기관에서 진료를 받았고, 이에 따른 진료수입은 약 5천억 원에 달하는 것으로 나타났다. 이는 외국인 환자 유치 목표 20만 명을 초과 달성한 결과이기도 하다. 2009년 이후 연평균 증가율은 30.5%를 보였다(〈그림 6.5〉 참조).

국적별 환자 분포를 살펴보면 중국, 미국, 러시아, 일본, 몽골 순으로 나타났다. 특히 러시아 환자는 3만 1천 명으로 2013년 2만 4천여 명에 비해 23%나 증가하였다(〈그림 6.6〉 참조).

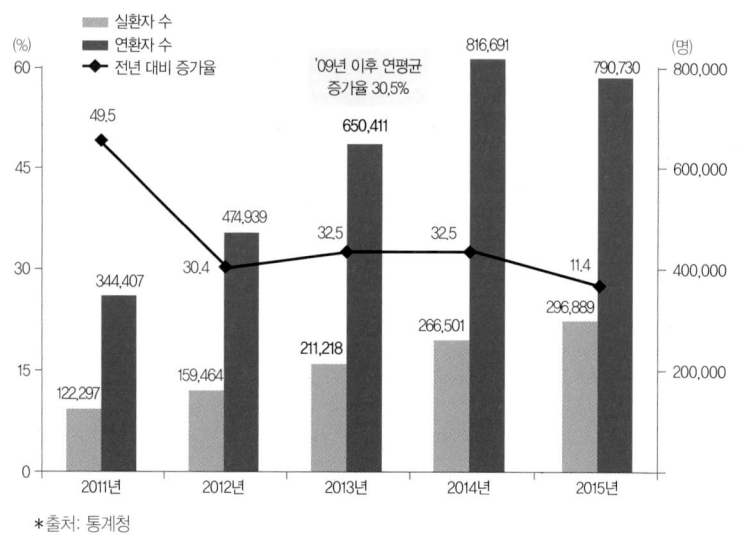

그림 6.5 외국인 환자 유치 현황

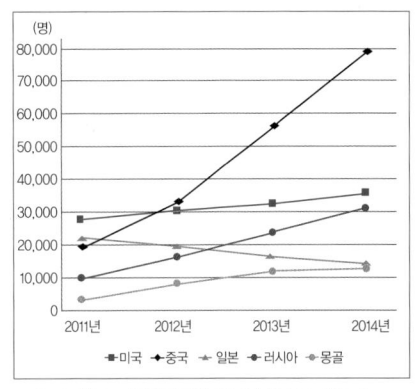

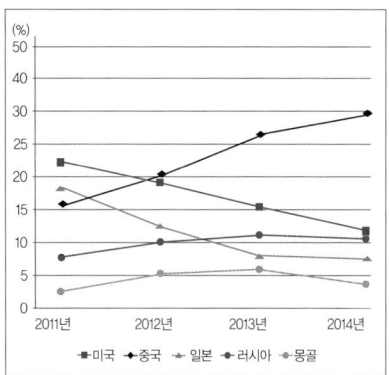

* 출처: 한국보건산업진흥원 외국인 환자 통계(2014)

그림 6.6 상위 5개 국적별 외국인 환자 증가 현황

〈표 6.1〉에서 보면 외국인 환자 유치에 따른 진료수입도 5,569억 원으로 전년(3,943억 원) 대비 약 41% 증가하였다. 이는 1인당 평균진료비 208만 원으로 내국인 1인당 연간진료비 104만 원의 2배 정도 규모이다(〈그림 6.7〉 참조). 진료비가 1억 원 이상인 환자는 210명으로 전년(117명) 대비 약 79% 증가하였다. 이 중 중국인 환자는 총 진료비 1,403억 원으로 1위이고 그 다음으로 러시아 환자가 1,111억 원을 지출한 것으로 나타났다.

표 6.1 외국인 환자 진료수입 현황

(총진료수입: 억 원, 평균진료비: 만 원)

국가	2011년				2012년				2013년				2014년			
	입원	외래	건강검진	계	입원	외래	건강검진	계	입원	외래	건강검진	계	입원	외래	건강검진	계
총 진료수입	756	950	103	1,809	1,347	1,181	145	2,673	1,859	1,834	241	3,934	1,859	3,008	189	5,569
1인당 평균진료비	662	100	71	149	910	92	91	168	923	106	131	186	995	136	90	209

* 출처: 한국보건산업진흥원 외국인 환자 통계(2014)

특히, 중국 환자의 지속적 유입으로 성형외과 이용은 증가한 반면 한의 과는 일본 환자의 급감으로 감소한 것으로 나타났다(〈그림 6.7〉 참조).

(단위: 명, %)

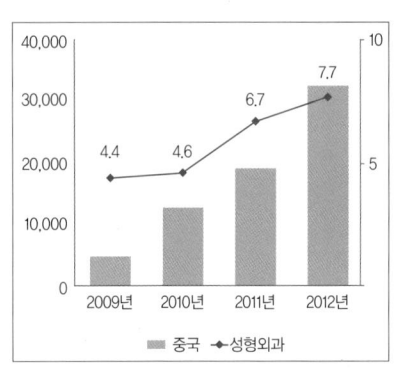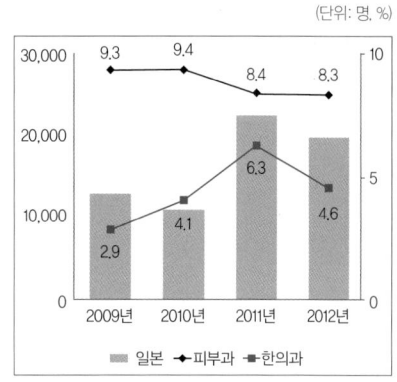

*주1: 중국 환자수 증가 추이 대비 성형외과 비중
*주2: 일본 환자수 증가 추이 대비 피부과, 한의과 비중

그림 6.7 중국, 일본의 환자 증가 현황

의료 서비스 산업은 차세대 먹거리 산업

세계 의료시장의 규모가 확대되어 감에 따라 우리나라의 경제는 서비스 산업 중심 구조로 전환 중이다. 2009년 기준으로 국내총생산(GDP: Gross Domestic Product)의 60.7%를 서비스 산업이 차지하고 있고 부가가치 및 고용 창출 측면에서 서비스 산업은 성장 잠재력이 매우 높은 분야다.

이 중, 세계적으로 40조 원 규모로 급팽창하고 있는 보건의료 서비스 산업 은 국가 경제에 미치는 파급효과가 크다. 이런 이유로 국부 증진을 위해 전략 적으로 외국인 환자 유치를 적극 추진하고 있다. 우리나라는 우수한 의료 인력 과 최고의 의료기술 및 장비를 보유하고 있다. 특히 특정 분야(위암·간암 수술 등)에 있어서는 국제적인 경쟁력을 보유하고 있다. 이러한 경쟁력을 바탕으로 외국인 환자 유치를 통해 국제수지의 흑자 전환과 시장 규모 확대의 필요성이 대두되고 있다. 외국인 환자 유치사업은 우리나라의 의료 수준과 관광자원에 대한 대외 인지도 확산을 통한 국가 이미지 제고에 기여하고 있다. 또한 우리나라 전통 의술인 한방과 한류 의료의 세계 확산에도 기여하는 바가 크다.

이와 같이 외국인 환자 유치사업이 중요해짐에 따라, 외국인 환자 유치 관련 연구들이 활발하게 수행되고 있다. 「외국인 환자 유치사업의 경쟁력 평가 및 경제적 파급효과 분석 연구」최종보고서와 「외국인 환자 통계」를 비롯한 많은 자료들은 외국인 환자들의 방문과 관련된 다양한 정보를 활용하고, 이를 토대로 향후 추진되어야 할 정책 방향을 제시하였다.

이 연구에서, 1인당 GDP를 이용하여 외국인 환자 유치사업과 국제경쟁력과의 관계를 살펴보았다.

〈그림 6.8〉에서 살펴보면, 단순회귀분석 결과 외국인 환자 유치사업 경쟁력지수의 설명력은 63.6%로 국제경쟁력이 높은 나라일수록 외국인 환자 유치사업의 경쟁력 또한 높다고 볼 수 있다.

한국과 말레이시아는 선형회귀선보다 아래에 위치하고 있다. 이는 외국인 환자 유치사업의 국제경쟁력이 국가의 국제경쟁력보다 높게 평가된 결과로 외국인 환자 유치사업이 전체 산업에 긍정적 영향을 줄 것이라고 예측할 수 있다. 반면에, 회귀선보다 위에 위치하고 있는 태국과 싱가포르의 경우는 외국인 환자 유치사업이 전체 산업에 부정적인 효과를 미칠 수 있다고 예측할 수 있다.

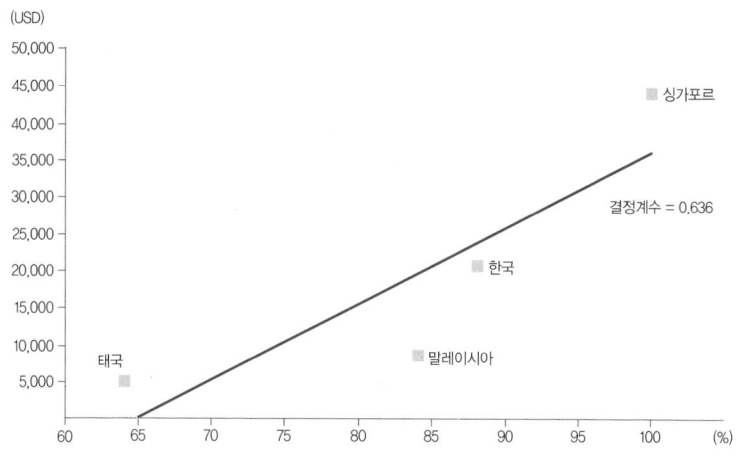

＊주: x축-외국인 환자 유치사업 국제경쟁력지수, y축-국가경쟁력을 나타내는 1인당 GDP

그림 6.8 외국인 환자 유치사업과 국제경쟁력의 관계

결정계수와 회귀식이란

결정계수(coefficient of determination)는 관심 있는 두 값들 간의 상관 정도를 보는 상관계수와 비슷하다. 실제 관측되어 있는 값들의 대표가 되는 함수식을 회귀식(regression equation)이라고 하며 실제값과 예측된 함수식 간의 오차는 최소가 된다. 예를 들어 데이터들이 모여 밀도가 촘촘한 경우, 실제값과 예측값의 차이가 거의 나지 않는다. 즉, 오차가 적다고 할 수 있다. 반면에 밀도가 느슨할 경우, 실제값과 예측값의 차이가 크다(〈그림 6.9〉 참조).

이처럼 데이터들이 모여 있는 밀도에 따라 회귀식의 정확도가 결정된다. 회귀식이 얼마나 정확한지는 그림만으로 파악할 수 없으며 결정계수로 알 수 있다. 결정계수가 0에 가까울수록 '회귀식의 정확도가 매우 낮다'고 할 수 있고 1에 가까울수록 '회귀식의 정확도가 매우 높다'고 할 수 있다.

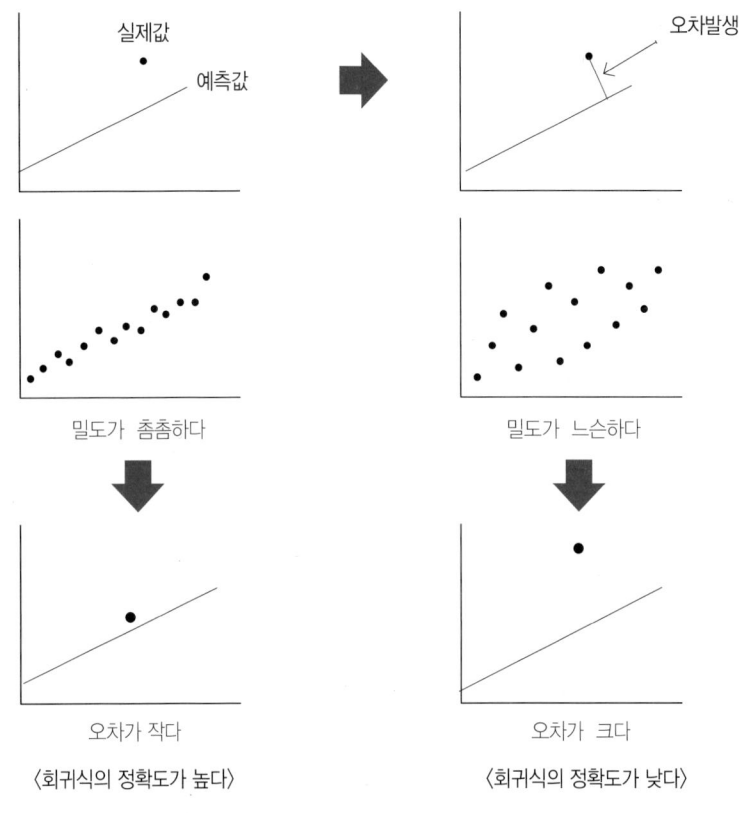

실제값

예측값

오차발생

밀도가 촘촘하다

밀도가 느슨하다

오차가 작다

오차가 크다

〈회귀식의 정확도가 높다〉

〈회귀식의 정확도가 낮다〉

그림 6.9 데이터 밀도에 따른 회귀식 정확도

의료 빅데이터의 면밀한 분석으로 해외 진출 도모

2016년 정부는 의료관광객 40만 명 유치를 목표로 한국 의료홍보, 외국 의료인 연수, 나눔의료, 융복합유치 모델 육성 등의 사업을 확대하고 있다. 또한 국내 의료기관의 해외 진출 등을 통해 환자 유입 경로를 다변화하는 등의 정책을 펼치고 있다. 이러한 목적 달성을 위해서는 〈그림 6.10〉과 같이 우리나라를 방문한 외국인 환자들의 특성 등을 파악하고 다양한 정보를 활용하여 향후 미래 수요를 예측하여야 할 것이다. 미래 수요에 대한 예측은 다양한 통계적 방법론들을 적용하여 살펴볼 수 있다.

또한, 의료기관의 해외진출을 위해서는 해당 국가의 의료수요에 대한 평가가 선행되어야 한다. 현재까지는 환자들이 피부과나 성형외과 등을 방문하기 위해 의료관광을 왔으나 의료기관이 각 나라에 진출하기 위해서는 현지에 적합한 전략을 토대로 해야 한다. 각 나라마다 질병이나 외상, 선천성 질환에 대한 빈도가 다르다는 것은 직관적으로도 알 수 있다. 해당 국가의 의료 빅데이터에 대한 면밀한 분석을 통하여 그 나라에 가장 적합한 병원 설립이 필요하다.

* 출처: 보건복지부, 「신 의료한류 로드맵」 2013년 초안

그림 6.10 국가별 '신 의료한류' 전략

국민건강보험 자료의 빅데이터 사례

국민건강보험 자료는 어떻게 작성되나

국민건강보험은 질병에 걸리거나 사고로 다쳤을 때 치료비를 보조하는 보험이다. 우리나라를 비롯한 대부분의 선진국에서는 나라에서 국민건강보험을 운영하고 있다. 이렇게 나라에서 운영하고 있는 국민건강보험을 '공공보험'이라고 부른다. 국민건강보험은 개인의 건강이 사회적 책임이라는 관점에서 나이·직업·질병이력에 상관없이 국민 누구나 혜택을 받을 수 있다. 공공보험의 특성상 보험료는 개인의 경제적 능력에 따라 부담한다.

대부분의 국민이 가입해 있는 국민건강보험에는 한국인의 방대한 건강 정보가 포함되어 있다. 지금까지 국민건강보험공단 업무의 특성상 빅데이터를 필요로 하지 않았고 데이터를 신속히 수집하고 저장할 만한 인프라가 구축되어 있지 않았다. 새로운 정보와 패턴을 발견하고 추출해서 활용하는 업무가 별로 없었기 때문이다. 또한 데이터의 생성이 규정된 시스템 하에서 제한된 인원으로 매뉴얼에 따라 이루어지고 있었다. 이러한 이유로 다양한 정보를 통해 새로운 패턴을 찾거나 정보를 추출하는 것보다는 관리자적 입장에서의 데이터베이스 관리에 치우쳤다.

하지만 빅데이터에 대한 열풍과 데이터 공개에 대한 사회적인 요구가 반영되어 국민건강보험공단 내에 빅데이터 센터가 설치되었다. 국민건강보험공단은 2002년부터 축적된 자료를 바탕으로 한국인의 건강정보를 담은 빅데이터를 구축했다. 이 빅데이터는 학회 및 연구기관에 연구용 목적으로 지원되고 있다. 또한, 공단 홈페이지에서는 개인별 생활습관과 가족력 진료내역, 검진결과 등의 데이터를 바탕으로 개인 맞춤형 건강 서비스를 운영하고 있다.

다른 나라에 비해 의료데이터의 구축이 용이할 수 있었던 것은 의료보험 가입률이 높고 행위별 수가로 청구하는 시스템이기 때문이다. 현재 우리나라 국민의 건강보험 가입률은 97%에 달한다. 환자가 병·의원 등 의료기관에서 진료를 받으면 진료비의 30% 정도만 지불하고 나머지는 해당 의료기관이 국민건강보험공단에 청구하게 된다. 청구를 하는 과정에서 진단코드, 투약정보, 수술명, 수술 기록 등을 함께 제출하고 이는 데이터화된다. 건강보험에 가입되지 않은 3%의 환자들 역시 대부분 의료보호 계층으로 국가에서 관리한다. 2009년 기준으로 우리나라 국민의 99.9%가 건강보험관리공단 데이터베이스에 등록되어 있는 것이다.

국민건강을 나타내는 무궁무진한 의료 정보

국민건강보험공단은 4대 사회보험의 통합징수, 의료급여 관리, 건강검진, 요양급여비용 지급 및 사후관리, 장기요양 관리 등의 다양한 업무수행 과정에서 생성된 1조 4,779억 건의 데이터를 보유하고 있다(〈그림 6.11〉 참조). 최근에는 업무별로 산재되어 있는 건강보험 데이터를 통합하여 국민건강정보 데이터베이스를 구축(1,593억 건)하고 맞춤형 건강서비스 개발, 연구·정책수립 지원, 외부기관 공유를 위하여 단계적인 개방을 계획하고 있다.

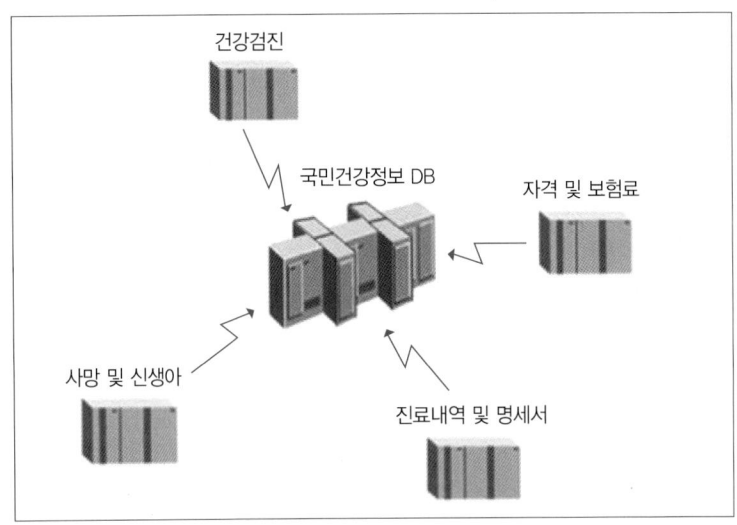

*출처: 국민건강보험공단

그림 6.11 국민건강정보 데이터베이스 구성

이 데이터들을 크게 분류해 보면 먼저 성명, 주민등록번호 등 개인식별 속성을 제거한 후에 생성된 자격 및 보험료 자료가 있다. 이 데이터는 전 국민의 건강보험 취득, 상실, 성별, 연령, 사업장, 종별 의료급여, 장애유형, 보험료 분위 등의 자료로 구성되어 있다.

또 다른 데이터로는 사망자 및 신생아 자료가 있다. 사망자 자료는 장제비 지급 관련 자료 및 사망사유와 연계하여 구축되어 있고, 신생아 자료는 자격정보 중 신생아의 주민등록번호 변경을 위해 구축되었다.

진료내역과 요양기관내역 자료도 있다. 진료내역은 진료명세서 일반내역, 진료명세서 상세내역, 진료상병내역, 진료처방내역으로 나뉜다. 이 중 진료처방 상세내역은 의료·보건기관, 치과·한방, 약국의 세 가지 유형으로 분리하고 환자기준으로 재구성하여 데이터를 구축하고 있다. 요양기관내역 자료는 진료를 실시한 의료·보건기관, 치과, 한방기관, 약국 등의 인원, 진료과목, 장비, 시설, 산업재해 지정 여부 등의 정보를 담고 있다.

건강검진 자료는 일반건강검진, 생애전환기 건강진단, 암검진(위·대장·간·유방·자궁경부), 구강검진, 영유아검진, 영유아 구강검진의 데이터를 검진일자, 검사결과 및 문진내역에 따라 연도별로 구축하고 있다. 중증질환인 암 환자, 희귀난치성질환자, 화상환자의 산정특례 확진일자, 산정특례 상병코드, 확진의사 등의 정보도 데이터화하였다. 2005년 9월 제도 시행 후 중증질환자(암)에 대한 정보가 등록되었고 2009년 7월부터는 희귀난치성질환자의 정보가 등록되어 있다. 또한 노인장기요양급여에는 장기요양 신청정보, 등급판정 정보, 급여비청구서, 청구명세서, 청구서비스명세서, 청구상세명세서, 장기요양기관 등의 정보가 있다. 장기요양기관 정보로는 기관의 인력, 부대시설, 협약의료기관, 촉탁의사 정보 등이 있다.

활용 가치가 높은 국민건강보험 자료

국민건강보험공단 데이터는 새로운 개념의 빅데이터가 아닐지라도 그 자체로도 유용한 정보를 포함하고 있으며 그 활용 가치가 다양하다. 이 데이터들을 이용해 산출된 논문과 보고서들이 세계 유수 저널에 실리고 있고 보건의료 정책 개발에도 심도 있게 활용되고 있다. 하지만 데이터의 공개는 아직도 제한적으로만 이루어지고 있어 일반 연구자들의 접근은 쉽지 않다. 이에 대해서는 다양한 이유가 있는데, 가장 큰 이유는 개인정보보호 때문이다.

다행히 최근 국민건강보험공단이 전체 건강보험 가입자를 대상으로 100만 명 규모의 표본을 추출하여 표본 코호트 및 희귀질병, 검진 데이터 베이스를 구축하였다(〈표 6.2〉 참조).

표 6.2 국민건강보험 코호트 데이터베이스

분류	특징
표본 코호트 데이터베이스	건강상태, 발병, 의료이용, 사망 등을 포괄하는 9개년(2002~2012년) 표본 데이터베이스
희귀질병 데이터베이스	표본 코호트 DB를 활용하기에는 사례의 수가 적은 희귀질병들에 대한 9개년 (2002~2010년) 전수 데이터베이스
검진 데이터베이스	2001~2010년 사이 건강검진을 최소 5회 이상 정기적으로 검진받은 수검자 들을 대상으로 장기적 검진효과를 평가하기 위한 전수 데이터베이스

＊출처: 국민건강보험공단
＊주: 코호트(cohort)-통계적으로 동일한 특성이나 행동을 공유하는 집단을 뜻하는 전문용어

표본데이터에는 2002년부터의 자료가 수록되어 있고, 보험 자격 데이터베이스(성별, 연령, 지역, 가입자 구분, 소득분위 등 대상자의 변수, 장애, 사망)와 진료 데이터베이스(상병내역, 진료내역, 진료명세, 처방전 등), 건강검진 데이터베이스를 제공하고 있다. 추가적으로 노인 코호트, 검진 코호트 등의 다양한 데이터베이스가 공개될 예정이다. 공개된 자료의 사용은 완전 개방형이 아니라 신청자에 한해 공단 내부 평가와 절차를 거친 후에 제공되고 있다.

이와 같이 대표성·지속성·포괄성·완결성을 감안하여 구축된 데이터베이스는 일반화된 자료, 장기간 관찰이 필요하고 연구가 가능한 자료, 사회경제석 변수들이 포함된 자료 등이 있다.

의료계에서는 국민건강보험공단 데이터의 다양한 활용을 고려해 볼 수

있다. 질적으로 우수한 논문 생산을 통한 학문적 발전뿐만 아니라 국민건강증진, 의료환경 조사, 진료 환경 개선을 위한 계획 수립 등의 다양한 목적으로 사용할 수 있다.

국민건강보험 자료로부터 표본 추출

표본 추출의 목적은 관심 있는 모집단을 구성하고 있는 구성원 전체를 직접 대면하지 않고 일부 적당한 크기의 집단(표본)을 통해서 파악하는 데 있다. 이는 전체 모집단을 파악하기 위해 표본에 대해 조사하여 일반화시키는 것을 의미한다. 즉, 모집단 내에서 특성을 나타낼 수 있는 일부 대상을 추출하여 이들로부터 자료를 수집하고 이를 근거로 전체 모집단의 특성을 추정하는 것이다(〈그림 6.12〉 참조). 국민건강보험공단은 전체 건강보험 가입자를 모집단으로 하고 이들 중 100만 명의 표본을 추출하여 표본 코호트 데이터베이스를 구축하였다.

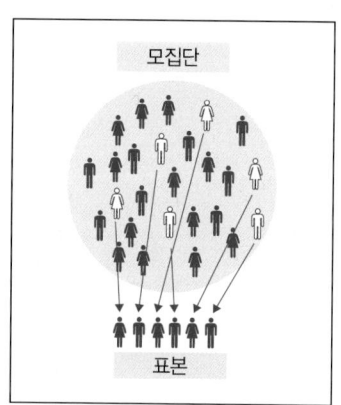

그림 6.12 모집단과 표본

표본 추출 방법은 크게 확률적 추출 방법과 비확률적 추출 방법으로 나뉜다. 확률적 추출 방법은 모든 추출 단위에 대해 사전에 추출 확률이 주어지는 추출법을 말한다. 단순임의추출법, 계통추출법, 층화추출법, 군집추출법 등이 있다. 비확률적 추출 방법은 수집하는 사람의 주관적 판단에 의해 표본을 추출하는 방법으로, 확률적 추출 방법에 비해 비용과 시간을 절약할 수 있고 조사가 편리하다. 그러나 조사자의 주관이 개입되기 때문에 과학적인 조사방법이라고 할 수 없다. 편의추출법, 판단추출법, 할당추출법 등이 해당된다.

표본 추출 단계는 총 7단계로 나타낼 수 있다. 첫째, 어떤 집단을 조사할 것인지를 결정한다. 둘째, 어떤 방법으로 자료를 수집할 것인지를 결정한다. 셋째, 자료 수집과 관련되어 있는 표본 추출 프레임을 결정한다. 넷째, 확률적 표본 추출을 할 것인지 비확률적 표본 추출을 할 것인지에 대한 방법을 결정한다. 다섯째, 시간과 비용을 최소화하면서 필요한 정보를 수집할 수 있는 표본 크기를 결정한다. 여섯째, 조사자가 조사대상자에게 어떻게 접촉할 것인지 표본 추출 실행계획을 수립한다. 마지막으로, 표본 추출을 실행하고 조사를 시작한다.

공공의료 데이터의 표본 데이터 구축

공공의료 데이터의 표본 데이터 구축도 진행되었다. 2008년 보건복지부는 인체자원의 체계직 수집·관리를 위해 국립중앙인체자원은행을 설립하여, 전국 17개 네트워크 병원을 통해 50만 명의 인체자원을 확보하였다.

코호트 및 질환 기준으로 인체자원 데이터베이스를 구축하였으며 2015년 말 기준 인체자원 수집 참여자는 70만 명에 달한다.

표 6.3 인체자원 패널

구분	설명
질환 인체자원 패널	동일 환자 유래의 다양한 인체자원 및 임상정보의 세트
코호트 인체자원 패널	임상·역학·유전정보가 연계된 동일인 유래의 다양한 자원 세트

＊출처: 국립중앙인체자원은행(2013), 한국인체자원은행 사업 현황 및 제2기 계획 소개

향후 인체자원은행 정보관리시스템을 개선하여 병원 의료정보시스템과의 연계, 개인정보 보호 강화 등 데이터베이스 고도화 작업을 추진할 예정이다. 수집된 빅데이터 활용을 통해 산학연 연구개발과의 선순환 체제 구축을 목표로 하고 있다.

이렇듯 공공 부문에서 공개하는 빅데이터의 활용은 건강위험요인 예측 모델 구축, 맞춤형 건강증진 서비스 제공, 약물 부작용 효과 파악 등 기존의 데이터만으로 어려웠던 다양한 연구 성과의 창출과 국민건강 증진에 기여할 것이다.

통계 없이 보험도 없다

보험제도는 어떻게 시작되었나

경제·사회생활을 하고 있는 현대인들은 예측할 수 없는 사고 등 끊임없는 위험에 노출되어 있다. 이러한 사고에는 교통사고·화재·질병 등과 같이

어느 정도 대비를 할 수 있는 위험과, 지진·풍수해 등과 같이 인간의 힘으로는 막을 수 없는 자연재해 등이 있다. 이런 위험에 우리는 어떻게 대비해야 할까?

각종 위험에 대비하기 위해 사람들은 오래 전부터 보험을 만들었다. 최초의 보험에 대한 기록은 기원전 1700년쯤 고대 메소포타미아의 함무라비 법전에서 찾을 수 있는데, 이는 바다 무역에 사용되는 배의 위험을 보장받는 '해상보험'의 일종이었다. 우리나라는 여러 사람이 돈을 모아 큰 일이 나거나 안 좋은 일을 당했을 때 서로 돕는 '계'라는 친목모임이 보험과 비슷하다고 볼 수 있다.

통계를 활용하는 현대적 의미의 보험은 17세기 유럽에서 시작되었다. 1666년 영국 런던 시내의 85%에 해당하는 13,200채의 집이 타버린 큰 화재가 있었다. 이 일로 화재에 대한 두려움을 갖게 된 런던 시민들을 달래고자 보험 상품이 생기게 되었다. 보험에 가입한 사람들에게 일정 금액의 돈을 받고, 이들 중 화재로 피해를 입은 사람이 생기면 집을 수리해주거나 새로 지어주는 상품이었다. 런던에서 시작된 화재보험은 큰 인기를 얻었고 유럽 각지로 퍼져 나갔다.

보험은 크게 손해보험과 생명보험으로 나눌 수 있다. 손해보험에는 자동차보험·화재보험·해상보험 등이 있고 생명보험에는 생존보험·사망보험 등이 있다. 이밖에도 상품의 종류에 따라 독특한 보험이 많다. 연예인이 자신의 매력적인 신체 부위에 드는 신체보험, 첫 눈이 오는 날을 맞추면 상품을 주는 보험, 응원하는 스포츠 팀이 우승하면 상금을 주는 우승보험 등이 있다.

보험료는 어떻게 산출되나

런던의 화재보험에 가입한 사람들이 낸 금액은 어떻게 계산되었을까? 우선, 불이 날 확률과 보험에 가입할 사람들을 예상해 보험료를 산출했다. 보험료를 계산할 때, 지급된 보험금과 거둔 보험료가 같아야 한다는 수지 상등의 원칙(principle of equivalence)을 적용하였다.

이 지역에서 5년 동안 평균적으로 두 집에서 화재가 발생했다. 전체 집의 수는 1만 채이고 집 한 채 가격은 3억 원이며 모든 집이 보험에 가입했다고 예상해 보자. 보험회사가 화재 난 집에 5년에 한 번 총 6억 원을 지불한다고 하면 1년 기준으로 한 집의 보험료는 6억 원÷1만 채÷5년= 1만 2천 원으로 계산된다.

이렇게 계산된 보험료로 화재 발생 시 집을 다시 지을 수 있다. 물론,

그림 6.13 대수의 법칙을 발견한 피에르시몽 라플라스(Pierre Simon Laplace)

위치나 가치에 따라 집의 가격이 다르고 같은 도시라도 불이 날 확률이 다르기 때문에 집집마다 보험료는 차이가 있다.

여기에서 화재 발생 빈도는 과거에 일어난 화재 통계를 이용한다. 보험에서 통계를 이용할 때 가장 중요한 법칙은 대수의 법칙이다. 대수의 법칙은 특정 대상의 수나 측정 횟수가 많아질수록 예상 결과가 실제와 가까워진다는 법칙이다(〈그림 6.13, 6.14〉 참조). 동전을 던져 앞면이 나올 확률은 이론적으로 1/2이지만 실제로는 정확히 1/2이 나오지 않는다. 하지만, 던지는 횟수를 늘릴수록 확률이 1/2에 가까워진다.

따라서, 화재 발생이나 교통사고 발생 등도 긴 시간 동안 관찰하면 사고가 일어날 확률을 더 정확히 예측할 수 있다. 대수의 법칙은 과거의 확률을 통해 미래에 사고가 발생할 확률을 추정할 수 있게 만들어 준다.

이렇게 보험회사는 정해진 확률에 따라 앞의 예와 같은 방식으로 보험료를 산출하게 된다.

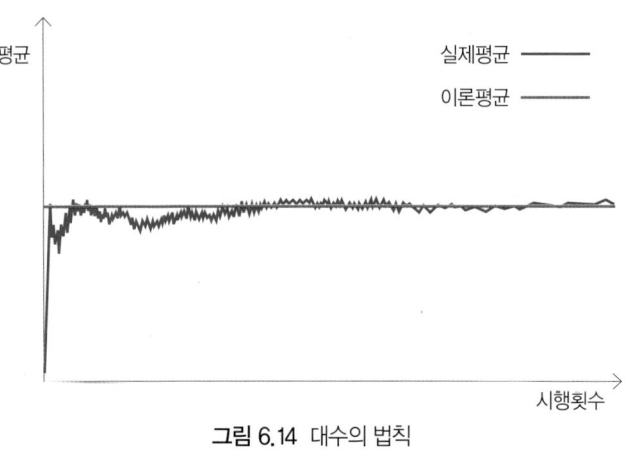

그림 6.14 대수의 법칙

생명보험료 산출의 근거 생명표

생명보험은 '생명표'라는 통계표를 근거로 만들어진 보험이다. 생명 표는 대수의 법칙에 따라 연령대별로 사망 확률을 나타내는 표이다(〈표 6.4〉 참조). 이를 바탕으로 각 연령별로 보험료를 내는 사람의 수와 받는 사람의 수를 예측할 수 있다.

이러한 생명표는 핼리혜성으로 유명한 천문학자 에드먼드 핼리(Edmond Halley)가 1693년에 처음으로 만들었다. 핼리는 수년 동안 공동묘지를 다니며 묘비에 새겨진 사망자들의 기록을 수집해 인간 생명에 관한 통계를 완성했다. 이 통계를 이용해 수학자 제임스 더드슨이 나이에 따라 보험료 부담에 차이를 두는 오늘날과 같은 보험을 고안한 것이다.

2014년 우리나라의 남자와 여자의 기대수명은 79.0년, 85.5년으로 여자가 남자보다 6.5년 정도 더 살 수 있는 것으로 나타났다. 2014년 출생한 사람들 중 암에 걸려 사망할 확률은 남자가 28.4%, 여자가 16.9%로 나타났다. 여자가 심장질환에 의해 사망할 확률은 12.3%로 남자보다 2.4% 더 높게 나타났다.

보험계리사란

보험계리사(actuaries)란 확률이나 통계적 방법들을 이용하여 보험과 연금 등에 대한 보험료와 보험금을 산출하는 전문가이다. 이러한 계산을 위해서는 수학과 통계 지식이 반드시 필요하다.

이들은 보통 대학에서 수학·통계학·경제학을 공부하고 계리사 자격증 을 취득한 뒤 보험 상품을 개발하는 일을 한다. 2010년 미국에서는 보험

표 6.4 연령대별로 사망 확률을 나타내는 생명표

각세별	2013 기대여명		각세별	2013 기대여명		각세별	2013 기대여명	
	남자	여자		남자	여자		남자	여자
0세	78.99	85.48	34세	45.88	52.16	68세	15.99	20.07
1세	78.24	84.72	35세	44.92	51.18	69세	15.23	19.19
2세	77.26	83.74	36세	43.96	50.21	70세	14.48	18.32
3세	76.27	82.76	37세	43.01	49.24	71세	13.76	17.46
4세	75.28	81.77	38세	42.05	48.27	72세	13.05	16.62
5세	74.29	80.77	39세	41.10	47.30	73세	12.37	15.79
6세	73.30	79.78	40세	40.16	46.34	74세	11.70	14.98
7세	72.30	78.79	41세	39.22	45.37	75세	11.06	14.18
8세	71.31	77.79	42세	38.28	44.40	76세	10.43	13.40
9세	70.32	76.80	43세	37.34	43.44	77세	9.83	12.64
10세	69.32	75.80	44세	36.41	42.48	78세	9.25	11.90
11세	68.33	74.81	45세	35.49	41.52	79세	8.70	11.19
12세	67.33	73.81	46세	34.57	40.56	80세	8.17	10.50
13세	66.34	72.82	47세	33.65	39.60	81세	7.66	9.85
14세	65.35	71.82	48세	32.75	38.65	82세	7.18	9.22
15세	64.36	70.83	49세	31.85	37.70	83세	6.73	8.63
16세	63.37	69.84	50세	30.96	36.74	84세	6.30	8.06
17세	62.39	68.85	51세	30.07	35.80	85세	5.91	7.53
18세	61.41	67.87	52세	29.19	34.85	86세	5.54	7.03
19세	60.43	66.88	53세	28.32	33.90	87세	5.19	6.55
20세	59.45	65.89	54세	27.46	32.96	88세	4.86	6.11
21세	58.48	64.91	55세	26.60	32.02	89세	4.56	5.70
22세	57.50	63.92	56세	25.75	31.08	90세	4.28	5.32
23세	56.53	62.94	57세	24.90	30.15	91세	4.02	4.97
24세	55.55	61.95	58세	24.06	29.21	92세	3.78	4.64
25세	54.58	60.97	59세	23.22	28.28	93세	3.55	4.34
26세	53.61	59.98	60세	22.39	27.35	94세	3.35	4.07
27세	52.63	59.00	61세	21.56	26.43	95세	3.16	3.81
28세	51.66	58.02	62세	20.74	25.51	96세	2.98	3.58
29세	50.70	57.04	63세	19.93	24.59	97세	2.82	3.38
30세	49.73	56.06	64세	19.13	23.67	98세	2.67	3.19
31세	48.77	55.08	65세	18.33	22.76	99세	2.54	3.02
32세	47.36	53.69	66세	17.54	21.86	100세 이상	2.42	2.86
33세	46.84	53.13	67세	16.76	20.96			

＊출처: 통계청

계리사가 스트레스가 적고 근무환경이 좋으며 연봉이 높아 가장 이상적인 직업에 선정되기도 했다.

스마트 헬스, 맞춤형 웰니스 케어

웰니스 시대의 도래

100세 수명 시대가 도래할 전망이다. 기술의 발달로 수명은 점점 길어지고 있다. 이제 얼마나 오래 사는지보다 얼마나 건강하고 행복하게 사는지가 중요해졌다. '웰니스(wellness)'에 관심이 높아진 것이다. 정보통신기술(ICT: Information and Communications Technology)과 접목한 웰니스 산업이 미래 100세 시대를 이끌어 나갈 고부가가치 산업으로 각광받고 있다(〈그림 6.15〉 참조).

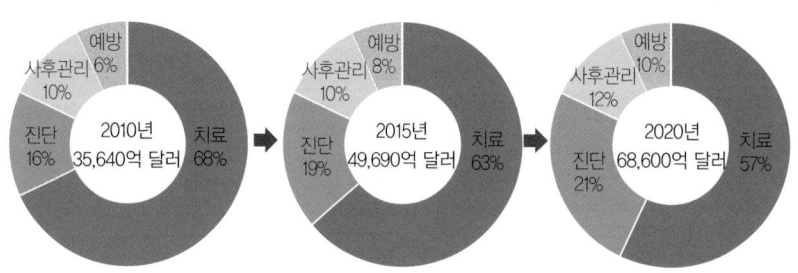

그림 6.15 영역별 헬스케어 산업의 규모 전망

웰니스는 웰빙(well-being), 행복(happiness), 건강(fitness)의 합성어이다. 1940년대에 세계보건기구에서는 건강을 '사회적, 정신적, 신체적으

로 완전하게 문제가 없는 상태'라고 정의내렸다. 하지만 이 정의에서 '완전한(complete) 상태'라는 것은 추상적이어서 이를 측정하기가 어려웠다. 2011년에는 건강이란 '사회적·정신적·신체적 스트레스에 대해 적응능력(adaptiveness)이 있는 상태로 스트레스와 같은 건강에 위협을 주는 요인이 생기더라도 다시 건강한 상태를 회복시킬 수 있는 능력'이라는 뜻으로 의미가 확대되었다. 이를 '웰니스'라고 부르기 시작했다.

이미 의료기기 분야에서는 정보통신기술(ICT)을 기반으로 한 모바일 웰니스 제품이 활발하게 개발되고 있다. 수명이 연장되고 웰니스에 대한 관심이 높아짐에 따라 스마트 기기를 이용한 건강관리 분야도 크게 성장하고 있다. 특히, 웰니스 산업에 ICT를 융합한 '웰니스 IT'가 차세대 성장동력으로 급부상하고 있다.

나라마다 속도의 차이는 있으나, 고령화 현상에 따라 의료비가 급증하고 치료 중심에서 예방 중심으로 의료 서비스 패러다임이 변화하는 것은 전 세계적인 추세이다. 의료계의 ICT에 대한 수요 증가로 ICT를 활용한 의료 융합 산업이 핵심 비즈니스로 부상하고 있다. ICT를 기반으로 한 스마트 헬스 케어는 의료비 절감과 사회경제적 비용 감소라는 경제·산업적 파급효과가 크다. 뿐만 아니라 공공의료 서비스와 예방관리, 보건·의료 서비스 등에서 사회·정책적 효과를 기대할 수 있는 대안으로도 새롭게 주목받고 있다(〈그림 6.16〉 참조).

하지만 아직까지 우리나라 의료 분야는 메디컬 산업이나 실버 산업 중심으로 발전하고 있다. 다른 나라들의 사례를 보면 개인이 스스로 자신의 건강을 관리하는 형태에서 기업이나 전문 업체들이 관리하는 형태로 변화되고 있다.

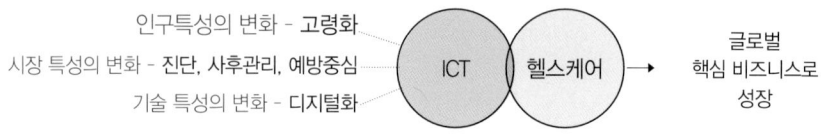

인구특성의 변화 - 고령화
시장 특성의 변화 - 진단, 사후관리, 예방중심   ICT   헬스케어   글로벌
기술 특성의 변화 - 디지털화   핵심 비즈니스로
                                                                        성장

그림 6.16 ICT 기술과 융합된 헬스케어 산업

기업화·전문화된 웰니스 산업이 두각을 나타내고 있는 것이다.

　기업의 웰니스 제도 도입을 살펴보면 GM의 경우 건강위험도평가(health risk assessment)에서 고위험군으로 분류된 직원들에게 2회 무료 병원 진료권을 제공하고 있다. 이러한 기업들의 생각은 직원들이 건강하고 행복할수록 높은 업무 성과를 낸다는 것을 알고 있기에 가능한 것이다.

u-헬스와 디지털 헬스

　인터넷데이터센터(IDC: Internet Data Center)는 전 세계 헬스케어 IT 시장 규모가 2011년 840억 달러에서 2016년 1,150억 달러까지 성장할 것이라고 전망했다(〈그림 6.17〉 참조). BBC 리서치는 향후 원격의료 기술의 도입 증가와 전자의무기록(EHR: Electronic Health Records)의 활성화가 글로벌 헬스케어 IT 시장을 견인할 것으로 예상했다.

　u-헬스 서비스는 인터넷, 모바일 등의 ICT(정보통신기술)를 이용해 언제, 어디서나 건강에 대한 정보를 제공하는 개인맞춤형 건강관리 서비스를 말한다. 국내에서는 흔히 유비쿼터스 헬스(ubiquitous health) 서비스라고 부른다. 디지털 헬스(digital health) 서비스는 정보통신과 의료를 연결하여

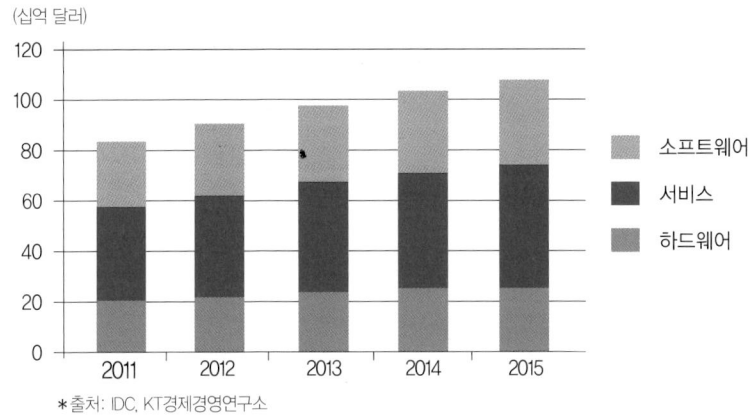

＊출처: IDC, KT경제경영연구소

그림 6.17 글로벌 헬스케어 IT 시장 규모

언제 어디서나 예방·진단·치료·사후 관리를 할 수 있는 서비스이다. 세계 주요국들은 이러한 스마트 헬스케어 사업을 핵심 비즈니스로 육성하고자 정부 차원의 지원 정책을 적극적으로 추진하고 있다(〈그림 6.18〉 참조).

미국은 헬스 IT와 u-헬스 선진화 계획을 추진 중이다. 2015년에 의료기기와 연동 가능한 모바일 헬스케어 애플리케이션을 공식 승인함으로써

	유헬스(u-health)	디지털 헬스(digital-health)
주 서비스	원격의료, 만성질환자 관리	u-health + 운동·식사량 등 건강생활 관리
주 이용자	의료인, 환자	의료인, 환자, 일반인
주 player	의료기관, ICT 기업	의료기관, ICT 기업, 보험회사, 스포츠 기업 등 다양
주요 제품	생체정보 측정 의료기기	스마트기기, 웨어러블/모바일 기기

＊출처: KT경제경영연구소, 한화투자증권

그림 6.18 의료-ICT 융합의 트렌드 변화 및 특징

모바일 헬스케어 시장의 활성화가 예상되고 있다. 이처럼 미국 정부의 헬스케어 지원 정책이 적극적으로 추진되자 헬스케어 분야의 투자도 늘어나고 있다. 2014년 미국에서 헬스케어 부문 벤처투자는 전체 투자액 대비 18%로, 2008년 이래 최고를 기록했다.

중국은 헬스산업을 경제성장 안전화, 구조조정, 개혁추진, 국민행복 증진을 위한 지주산업으로 지원을 아끼지 않고 있다. 원격의료를 골자로 한 '디지털 헬스 육성 계획'을 확정했고 무선통신 업체와 지역 진료소가 함께 무선 심장 건강 프로그램을 만들기도 하였다. 이처럼 모바일 기기 및 온라인 클라우드 시스템을 통해 부족한 의료진과 병상 수를 해결한다는 방침이다.

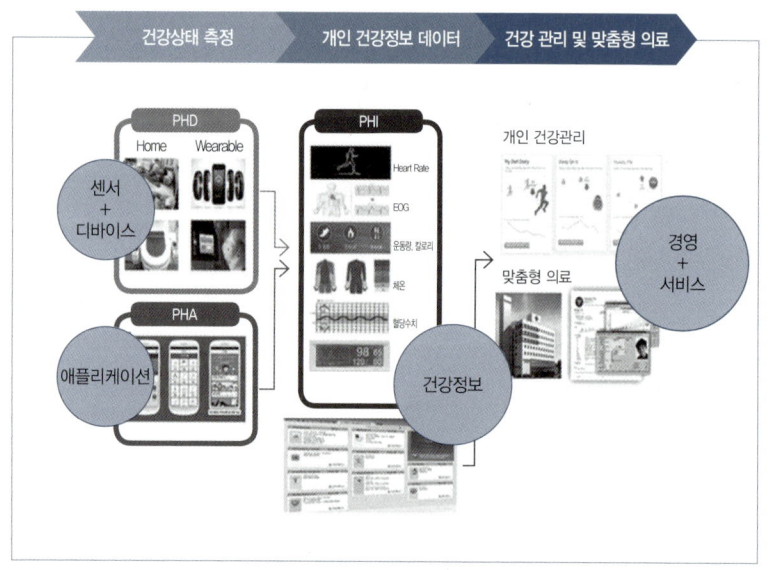

그림 6.19 개인건강정보 플랫폼

이러한 디지털 헬스케어 산업은 개인건강정보(PHI: Protected Health Information)를 효율적으로 관리할 수 있는 플랫폼을 중심으로, 개인의 건강정보를 수집하는 제품 공급자와 건강관리·의료 서비스 제공자가 참여함으로써 구현이 가능하다.

헬스케어 산업의 급신장

맥킨지앤드컴퍼니는 중국 의료보험 규모가 2020년까지 총 100조 달러에 달할 것으로 예상하고 있다. 이처럼 중국은 세계 최대 헬스케어 시장으로 급부상 중이다.

일본은 이미 2005년에 초고령사회로 진입하였다. 2001년부터 헬스케어 정보화를 시작으로 의료표준화, 정보인프라 구축 등을 조기에 진행하였다.

또한 헬스케어 산업을 국가산업으로 선정하여 헬스케어 벤처회사에 현금 10조 엔을 투자하는 등 민간에 대한 투자를 아끼지 않았다. 규제도 완화하여 기업들이 개발한 기술이 상용화로 이어질 수 있도록 도왔다. 이러한 결과로 일본의 헬스케어 산업은 뛰어난 진단 기술과 생체 센싱 기술을 풍부하게 보유하게 되었다. 이를 기반으로 건강 상태나 병의 징후 감지, 예후를 관리하는 새로운 기술·제품·서비스가 잇따라 개발되고 있다.

EU는 u-헬스 활성화를 위해 6억 유로를 투입하였고 고령자들에게 ICT(정보통신기술)기기 및 서비스를 제공하는 프로젝트를 진행 중이다. 영국 정부는 2017년까지 300만 명에게 텔레헬스시스템을 보급한다는 목표를 발표하기도 하였다.

레드오션인 ICT 시장에서 기업들은 새로운 가치창출을 위해 ICT 융합 서비스에 주목하고 있다. 특히 스마트 헬스케어 분야는 ICT 기업들의 새로운 플랫폼 격전지 중 하나가 될 것으로 예상된다. 웨어러블 기기들이 부각되는 상황에서 글로벌 ICT 기업들이 기존에 구축한 스마트폰, 태블릿 PC 환경 외에도 또 다른 의료 생태계가 조성될 수 있기 때문이다.

스마트 헬스케어 산업 성장을 막는 걸림돌

전 산업에 걸친 ICBM의 활용은 정보화 사회에 새 지평을 열고 있다. ICBM이란 기본적으로 사물인터넷(IoT: Internet of Things) 센서가 수집한 데이터를 클라우드(Cloud)에 저장하고 빅데이터(big data) 분석 기술로 분석해서, 적절한 서비스를 모바일 기기(Mobile) 서비스 형태로 제공하는 것을 말한다.

의료 및 헬스케어 분야에서도 예외는 아니다. 클라우드, 빅데이터 등을 활용한 원격의료, 환자 데이터 공유 등은 기존 의료 서비스 수준을 한층 더 향상시킬 수 있을 것이다. 예컨대 환자 데이터를 공유하여 진료수준이 개선된다거나 환자의 축적된 의료정보를 바탕으로 새로운 의료정보를 예측·분석할 수 있게 되는 것이다.

미국의 경우 의사들이 활용하는 클라우드 기반의 의료정보 서비스 및 생태계가 빠르게 구축되고 있다. 예를 들어 당뇨병 환자를 위한 서비스 '웰덱'은 미국 식품의약국(FDA)에서 수가체계(fee-for-service)를 인정받은 의료-헬스케어 서비스이다. 의료기관에서 환자 본인의 동의 하에 민간

보험회사와 연계하여 환자의 의료정보 및 건강정보를 클라우드에 저장하고 이를 민간 보험사가 분석하여 병원에 전송한다. 전송된 데이터를 받은 의료기관은 데이터에 따라 환자에게 처방을 내린다.

이와 달리 의료정보의 공유 없이 건강정보만 제공하는 서비스는 한정적일 수밖에 없다. 또한, 스마트 헬스케어 기기 및 소프트웨어에 대한 의료기기 적용 기준이 불명확하다는 것에도 어려움이 존재한다.

이러한 빅데이터를 활용한 의료 서비스의 선결 조건은 데이터의 축적이다. 더 많은 데이터를 분석할수록 더욱 의미 있는 정보를 적은 시간을 들여 자원으로 찾아낼 수 있기 때문이다. 이처럼 의료 분야에서 빅데이터 활용이 확산되고 있는 것은 연구개발 향상과 의료 서비스 개선 외에도 국가적 의료비용 절감이라는 경제적 목적이 크게 작용하고 있다.

7장

빅데이터적인 사고가
세상을 바꾼다

현대 사회에서는 통계적 사고를 바탕으로 데이터를 올바르게 이해해야 최적의 의사결정
이 가능하다. 기업에서도 생존을 위해 경영 전략부터 생산성과 품질의 향상까지 데이터
기술을 바탕으로 IT·빅데이터·사물인터넷 등을 적극적으로 활용해야 한다. 더불어 한
단계 높은 도약을 위해 컴퓨팅 사고와 디자인 사고를 통한 창의적 혁신이 필요한 시점
이기도 하다.

통계적 사고로 세상을 보자

통계적 사고는 현대 삶의 기본 소양이다

타임머신을 처음으로 생각해낸 SF(공상과학) 소설가이며 미래학자인 영국의 허버트 조지 웰스(Herbert George Wells(〈그림 7.1〉 참조))는 "읽기와 쓰기 능력과 마찬가지로 통계적 사고가 유능한 시민이 되기 위해 반드시 갖추어야 할 능력으로 여겨지는 시대가 곧 올 것이다(Statistical thinking will one day be as necessary for efficient citizenship as the ability to read and write)"라고 설파하였다. 그가 예언한 것처럼 통계적 사고는 현대인이 살아가는 데 반드시 필요한 소양이 되었다.

그러면 '통계적 사고(statistical thinking)'란 무엇인가? 통계적 사고란 모든 프로세스에 대하여 과학적이고 합리적으로 생각하는 생활철학으로, 프로세스에서 나오는 정보를 어떻게 활용할 것인가를 생각하는 의사결정

방식을 말한다. 각 프로세스의 진행시간은 산포를 가지고 있고 프로세스 간에는 상호관계가 존재한다. 또한 통계적 사고에서 얻는 데이터는 대부분 표본 데이터인데, 이 결과로부터 추출된 모집단에 관한 의사결정을 할 때 잘못 판단하는 과오를 범하지 않도록 유의해야 한다.

그림 7.1 영국의 미래학자 허버트 조지 웰스(1866~1946)

통계적 사고의 실제 사례

우리 사회에서 접할 수 있는 통계적 사고의 실례를 들어보자. 온라인 쇼핑몰을 운영하는 P회사는 고객의 청구 소요기간을 감소시키려고 한다. 이 회사의 실제 청구 소요기간은 평균 5일이며 목표는 3일이다. 소요기간을 단축시키는 것은 회사자금의 흐름을 빠르게 하는 데 좋고 고객만족 차원에서도 필요하다.

청구 프로세스에 대한 분석을 통해, 3개 부서(A, B, C라 한다)가 관련되어 있는 것을 알 수 있다. 아래의 그림과 같이 업무는 A부서에 먼저 접수되어 처리되고 다음으로 B부서, 마지막으로 C부서로 업무 흐름이 이어진다. 각 부서는 자신들에게 맡겨진 일을 독립적으로 처리한다.

그림 7.2 청구절차의 흐름도

현상을 파악하기 위한 측정 단계로 최근에 접수된 500건의 청구 건수에 대해 부서별로 시간 모니터링을 해보니 청구 처리 소요기간의 평균과 표준편차는 아래의 표와 같았다.

표 7.1 청구절차의 소요기간

부서	평균 소요기간(일)	표준편차(일)
A	1.2	0.9
B	2.2	1.4
C	1.6	1.1
전체	5.0	2.0

이 경우에 전체 일이 완료될 때까지의 평균 소요기간과 표준편차 계산은 다음과 같이 이루어진다.

평균 소요기간 = 1.2 + 2.2 + 1.6 = 5.0(일)

소요기간의 표준편차 = $\sqrt{(0.9)^2+(1.4)^2+(1.1)^2}$ = 2.0(일)

이같은 결과라면 소요기간이 정규분포를 따른다고 가정할 때, 소요기간이 7일을 넘어갈 확률은 15.9%(6건 중 1건), 9일을 넘길 확률도 2.3% 정도이다.

평균 소요기간이 3일 이내, 4일 이상이 될 확률이 15.9% 이하가 되게 하려면 어떻게 해야 될까? 정답은 평균 소요기간이 3일 이하, 전체 표준편차가 1일 이하가 되면 가능하다. 이러한 생각이 확률을 사용하는 통계적 사고이다.

통계는 생산성과 품질 향상에 얼마나 기여하는가

데이터 관리와 활용

기업은 구매·생산·검사·품질관리·영업·A/S 등 많은 양의 데이터를 축적하고 있다. 중요한 것은 이들 데이터를 잘 보관·관리하고 분석하여 기업에 필요한 정보를 활용하는 것이다. 우량기업이냐 아니냐의 판단은 데이터의 관리와 활용에 있다고 볼 수 있다.

어떤 자동차 회사에서 개발하고 있는 A형 자동차에 대하여 주행속도(x)

표 7.2 주행속도와 마일리지 데이터

속도(x)	마일리지(y)	속도(x)	마일리지(y)	속도(x)	마일리지(y)
30	12.5	55	14.9	80	14.8
35	12.9	60	15.4	85	14.1
40	13.1	65	15.5	90	13.6
45	13.9	70	15.3	95	13.5
50	14.4	75	15.1	100	13.1

와 마일리지(y, 휘발유 리터당 달리는 거리) 간의 관계를 파악하기 위하여 〈표 7.2〉와 같은 실험 데이터를 얻었다고 하자.

이 데이터를 산점도로 그려보면 〈그림 7.3〉과 같다. 두 변수 x와 y 간의 관계가 2차 곡선이므로 통계학에서 사용되는 곡선 회귀분석 기법을 활용하여 2차 곡선 방정식을 구하면 다음과 같다.

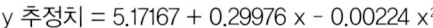

$$y \text{ 추정치} = 5.17167 + 0.29976\,x - 0.00224\,x^2$$

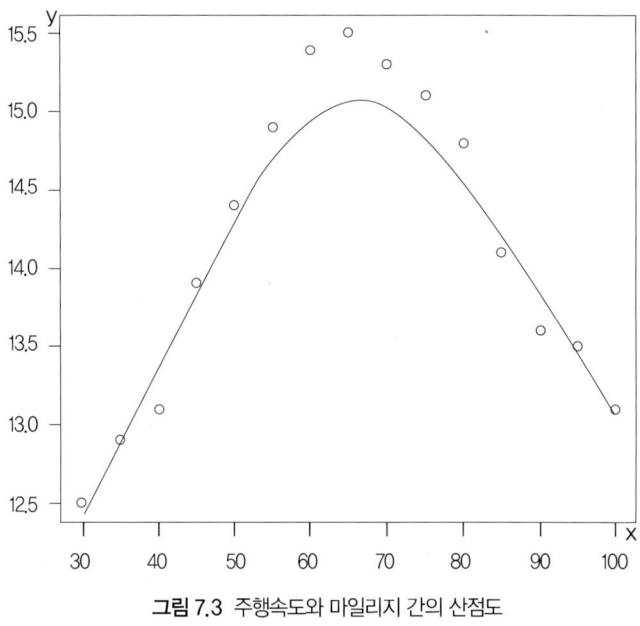

그림 7.3 주행속도와 마일리지 간의 산점도

따라서 종속변수 y를 최대로 하는 속도 x의 값을 구하면 x가 66.9일 때 y값이 최대임을 알 수 있다. 이는 현장에서 통계기법을 활용하여 얻을 수 있는 결과이다.

빅데이터로 생산성 향상

제조 및 사무직에서의 품질경영은 자동화와 정보화로 어느 정도 달성되었다. 그동안 전사적자원관리(ERP), 공급사슬관리(SCM) 등의 정보기술을 생산과 물류 활동에 광범위하게 도입하여 전반적인 품질·생산성 향상에 기여하였다.

빅데이터 시대에는 여기에 한 차원 더 나아가 SNS 데이터 및 각 센서(sensor)나 태그(tag)들을 상품·원자재·물건 등에 부착함으로써 생성되는 실시간 비구조적 데이터가 품질·생산성 향상의 주역이 되고 있다. 과거에 비해 데이터가 더 많아지고, 다양해지고 빨라지면서 새로운 차원의 품질경영을 가능하게 하고 있다.

삼성경제연구소에서 발간한 「빅데이터 경영을 바꾸다」[24]에서 인용하여 사례를 들어보자. 식료품 제조업체 네슬레는 식료품 제조의 주요 재료인 바닐라의 원가절감을 위해 다양한 유형의 빅데이터를 활용하여 재료 종류와 공급업체를 줄임으로써 연간 3천만 달러를 절약하였다.

또한 네슬레는 고객의 선호도를 SNS로 수집하여 제품개발 단계부터 반영했다. 여러 가지 맛의 제품을 무분별하게 생산해 비용을 높이기보다는 페이스북 등에서 고객이 원하는 맛을 조사하고 개발 제품의 수를 한정하여 수요가 적은 제품의 생산 비용을 절감한 것이다. 이와 같은 운영의 개선으로 네슬레는 연간 10억 달러 이상을 절감할 수 있었다. 이전에는 관리자들이 자사

---

24) 함유근, 채승병(2012), "빅데이터 경영을 바꾸다," 삼성경제연구소.

데이터베이스를 신뢰하지 못해 바닐라 원료를 주문할 때 객관적인 데이터보다 자신의 경험에 더 의존했다. 그런데 빅데이터를 활용함으로써 필요한 재료의 양을 명확히 파악하게 되었고 업무를 단순화해 생산성 향상을 이루어냈다.

품질관리의 기본 개념

품질관리(QC: Quality Control)란 '품질 목표를 설정하고 그 목표를 달성하기 위하여 실시하는 모든 통제활동의 수단'이다. 에드워드 데밍(Edwards Deming) 박사가 제안한 품질관리의 4단계 흐름은 다음과 같다.

(1) 목표 달성에 필요한 계획을 세운다(Plan).
(2) 계획대로 실시한다(Do).
(3) 실시한 결과를 데이터로 측정하고 평가한다(Check).
(4) 평가한 결과가 계획과 차이가 있으면 필요한 수정조치를 취한다(Action). 그리고 필요하면 다시 계획(Plan) 단계로 돌아간다.

이러한 단계를 영문의 첫 글자를 따서 품질관리의 PDCA 사이클이라고 부른다. 결국 품질관리 활동은 〈그림 7.4〉와 같이 품질을 중요시하는 관념과 책임감을 가지고 품질관리의 PDCA 사이클을 통해 끊임없이 품질개선을 이루어 나가야 한다.

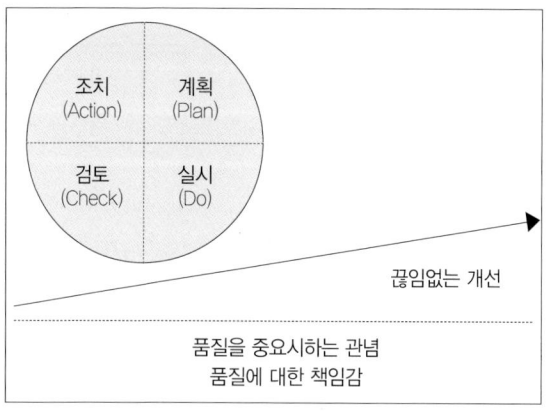

그림 7.4 품질관리의 PDCA 사이클

산포관리가 품질관리의 핵심

생산현장의 품질관리 기사들에게 품질관리에서 가장 어려운 문제가 무엇인지 물어보면 제품 품질의 산포관리가 가장 골칫거리라고 얘기하는 경우가 많다. 산포관리의 중요성을 다음의 예로 살펴보자.

A, B 두 회사에서 자동차 타이어를 생산한다고 하자. 타이어의 수명은 정규분포에 따른다고 가정하고 〈그림 7.5〉를 살펴보면 A사의 경우 타이어 평균 수명은 4만km, 표준편차는 2천km이고 B사의 경우 평균 수명 4만 2천km, 표준편차는 6천km이다. 이런 경우 어느 회사에서 만든 타이어를 살 것인가? 타이어 수명이 평균적으로 더 긴 B사 타이어를 살 것인가? 하지만 이것은 잘못된 판단이다. B사는 A사보다 표준편차가 크므로 타이어를 차에 장착하여 3만 6천km 이하(이 기준 이하이면 치명적으로 위험하다고 가정하자)를 달리고 고장 날 확률이 A사는 2.28%밖에 안 되지만

B사는 15.87%로 매우 높다. 즉, A사는 평균수명이 짧으나 산포가 적어 안정적인 편이고, B사는 평균수명은 기나 산포도 커서 위험을 내포하고 있다. 이 경우 B사는 A사보다 고객으로부터 클레임이 더 많을 것이며, 품질관리 기사들에게 골칫거리가 될 것이다.

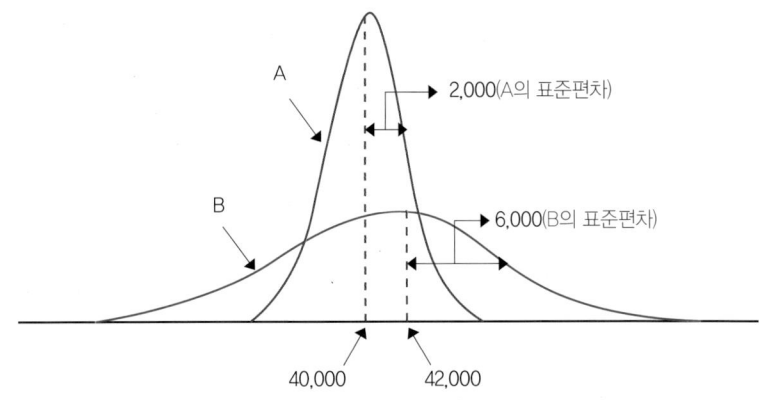

그림 7.5 A사와 B사의 타이어 수명 분포

품질관리에 사용되는 통계적 기법들은 무엇이 있나

기업에서 품질관리를 수행하는 데 사용되는 통계적 기법은 매우 다양하다. 사실상 거의 모든 통계적 기법이 품질관리에 사용될 수 있다. 그러나 가장 흔히 사용되는 기법으로는 품질관리 7가지 도구(seven tools of QC), 통계적 검정과 추정, 상관분석, 회귀분석, 실험계획법, 다변량 분석, 시계열 분석, 표본조사 등이 있다.

품질관리 7가지 도구는 품질관리에서 사용되는 가장 기본적인 통계적 도구로 다음과 같은 것들이다.

(1) 파레토도(pareto diagram)

(2) 관리도(control chart)

(3) 히스토그램(histogram)

(4) 특성요인도(causes and effects diagram)

(5) 체크시트(check sheet)

(6) 산포도(scatter diagram)

(7) 층별(stratification)

기업 품질관리 담당 신입사원들은 이들 7가지 도구를 배우게 되며 품질 관리 활동에 사용하고 있다. 여기에서는 파레토도에 대해서만 간단히 소개하기로 한다.

구두를 만드는 어떤 공장에서 최근 일주일 동안 만든 구두 5천 켤레를 항목별로 불량품을 조사하였더니 〈표 7.3〉과 같은 데이터를 얻었다. 이 데이터의 파레토도는 〈그림 7.6〉과 같다.

표 7.3 구두 제조 시 불량항목별 불량수

불량항목	불량수	누적불량수	불량률(%)	누적 불량률(%)
뒤틀림	98	98	60.1	60.1
벌어짐	33	131	20.2	80.3
접힘선 이탈	20	151	12.3	92.6
긁힘	5	156	3.1	95.7
기타	7	163	4.3	100.0
계	163	–	100	–

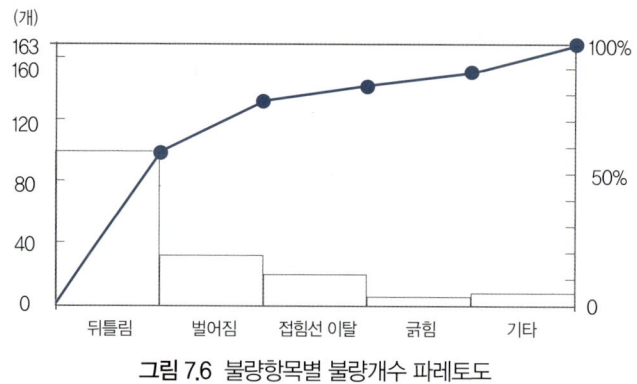

그림 7.6 불량항목별 불량개수 파레토도

위의 그림에서 보면 불량이 가장 많은 항목은 뒤틀림 불량으로 전체의 60.1%를 차지하고 있다. 이 불량을 개선할 수 있으면 불량률은 60.1% 줄 어들 것이다. 두 번째로 많은 항목은 벌어짐 불량으로, 두 종류의 불량(뒤 틀림과 벌어짐)을 해결할 수 있으면 전체 불량의 80.3%를 줄일 수 있다. 이와 같이 정보를 알아보기 쉽게 나타낸 것이 파레토도로 품질관리에 유용 하게 사용된다.

식스 시그마 경영 전략

식스 시그마(6σ)는 미국의 모토로라(Motorola)가 1987년부터 시작한 품 질경영 전략이다. 도서 「6 시그마 혁신전략」[25] 에 따르면 '식스 시그마란 최 고경영자의 리드 아래 모든 프로세스의 품질수준을 정량적으로 평가하여 품질을 혁신하고, 고객만족을 달성하기 위하여 프로세스의 질을 식스 시그

---

25) 박성현·이명주·정목용(2005), "6 시그마 혁신전략", 네모북스.

마 수준으로 높여 기업경영 성과를 획기적으로 향상시키는 종합적인 기업의 경영전략이다'라고 정의하고 있다. 여기서 식스 시그마 수준이라는 의미는 〈그림 7.7〉에서 보는 바와 같이 어떤 품질의 규격하한(LSL: Lower Specification Limit)과 규격상한(USL: Upper Specification Limit)이 있을 때, 규격중심에서부터 규격한계(규격상한이나 규격하한)까지의 거리가 식스 시그마가 되는 경우를 말한다. 이러한 경우에 규격한계가 오른쪽이나 왼쪽으로 각각 벗어나는 불량률은 1ppb(parts per billion)로, 10억 개의 제품을 만들 때 한 개의 불량밖에 나오지 않는다는 것이다.

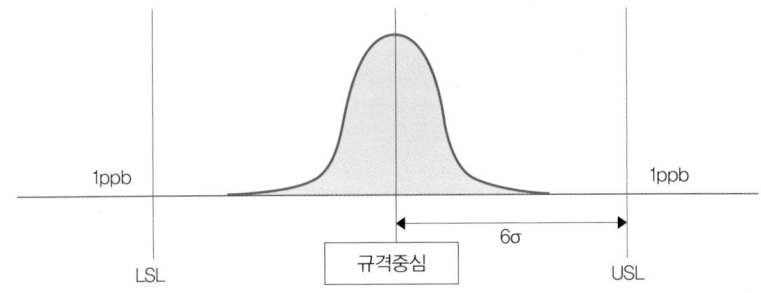

그림 7.7 식스 시그마 품질 수준을 나타내는 품질 분포

　모든 품질이 식스 시그마 수준이 되게 하기 위해서는 부품 품질 공정관리, 측정기 관리, 품질관리에 대한 소집단 활동 등 모든 품질경영 활동이 순조롭게 진행되어야 한다. 이를 관리하기 위해서는 통계 데이터의 수집과 분석이 필수적이며 식스 시그마 활동을 주관하는 담당자들이 통계 교육을 받아야 한다. 현재 우리나라 대부분의 기업에서 이 활동을 채택하고 있으며 우리 기업의 품질수준을 높이는 데 크게 기여하고 있다.

그러나 품질이 식스 시그마 수준을 달성한다고 하여도 품질 분포가 여러 가지 이유(재료 품질의 산포, 작업환경의 변동 등)로 1.5σ 정도 흔들릴 수가 있으며, 그렇게 될 경우에는 불량률이 1ppb를 초과하여 3.4ppm(parts per million)까지 상승할 수 있다. 즉, 100만 개 제품 중에서 평균적으로 3.4개가 불량품이 생길 수 있다. 따라서 식스 시그마 품질경영 활동에서는 품질수준의 목표를 3.4ppm으로 설정하고 있다. 이것은 매우 낮은 불량률로 만족스러운 수준이다.

식스 시그마 품질혁신의 추진단계

식스 시그마에서 가장 널리 애용되는 품질혁신의 5단계는 GE사에서 제안한 DMAIC(Define, Measure, Analyze, Improve, Control)이다. 정의(Define) 단계에서는 혁신문제의 현황 파악 및 정의를 하고 측정(Measure) 단계에서는 문제와 관련된 주요 제품 특성치를 선택하고 필요한 데이터를 측정한다.

분석(Analyze) 단계에서는 측정된 특성치가 최고 수준과 비교하여 어느 정도 부족한지 그 원인이 무엇인지 통계적 분석을 실시한다. 개선(Improve) 단계에서는 분석을 근거로 개선하기 위한 방법과 최적공정조건 등을 찾는다. 마지막으로 관리(Control) 단계에서는 개선된 조건을 바탕으로 표준화하여 이를 실시하면서 변화를 탐지한다.

DMAIC 사이클은 주로 제조공정이나 서비스 단계에서 많이 사용되고 설계단계에서는 일부 변경하여 DMADV(Define, Measure, Analyze, Design,

Validate)를 주로 사용한다. 앞부분의 DMA는 DMAIC와 동일하다. 설계 (Design)는 설계의 변경조건을 찾는 단계로 통계학에서 다루는 실험계획법이 흔히 사용된다. 검증(Validate) 단계에서는 설계에서 찾은 최적조건이나 변경조건이 실제로 맞는지 실무에 적용하여 검증한다.

1997년부터 삼성SDI와 LG전자를 비롯하여 우리나라 대부분의 대기업들이 식스 시그마를 도입하였으며 지금은 식스 시그마를 사용하지 않는 기업이 없을 정도이다. 우리나라 기업의 성공 사례들은 국가경쟁력 향상에 크게 기여하고 있다.

디지털 시대에 필요한 컴퓨팅 사고

창의력 키우는 컴퓨팅 사고

컴퓨팅 사고(computational thinking)는 소프트웨어 개발에 필요한 사고방식으로, 문제 상황의 핵심 원리를 찾아내 재구성하고 순서도 (flowchart)를 만들어 해결하는 방식이다.

데이터 모으고 정리하기, 큰 문제를 작은 문제로 쪼개기, 문제를 구조화하고 추상화하기, 순서에 따라 문제해결을 자동화하기 등이 포함된다. 컴퓨팅 사고는 21세기 디지털 시대에 필요한 사고력과 문제해결 능력, 창의력 등을 기를 수 있는 기본적인 사고이며 소프트웨어 개발에 필수적인 요소이다. 인간의 삶에 큰 영향을 주고 있는 빅데이터, 사물인터넷, 드론, 웨어러블 기기, 로봇 등이 모두 소프트웨어로 움직인다는 것을 인식하고 있어야 한다.

마이크로소프트를 창업한 빌 게이츠, 페이스북을 설립한 마크 저커버그는 하버드대학교를 중퇴하였지만 사업에 성공한 천재적인 인물이다. 이들의 성공에는 어렸을 때부터 몸에 익혀 온 컴퓨팅 사고, 소프트웨어 교육, 프로그래밍에 관한 열정이 있었다. 컴퓨팅 사고의 재미있는 예를 살펴보자.

18세기 천재 수학자 독일의 카를 프리드리히 가우스(Carl Friedrich Gauss)는 불과 8세 때 새로운 계산법을 창안했다.

가우스는 통계학에서 자주 다루는 정규분포를 천체 물리학에 응용해 처음으로 학문에 사용한 장본인으로, 통계학의 초기 이론개발에 크게 기여한 인물이다.

하루는 학교에서 교사가 학생들에게 1에서 100까지 더하면 얼마일지 문제를 냈다. 이 교사는 푸는 데 시간이 오래 걸릴 문제를 내고 잠시 다른 일을 보려고 했던 것이다. 그런데 문제를 낸지 1분도 되지 않아 가우스가 "5,050"이라고 정답을 외쳤다. 교사의 눈이 휘둥그레졌다.

가우스는 "처음 수인 1과 끝 수인 100을 더하면 101이고, 두 번째 수인 2와 뒤에서 두 번째 수인 99를 더해도 101이 됩니다. 이렇게 총 50개의 쌍이 생기니 101에 50을 곱하면 5,050이 나오지요"라고 설명하였다. 이것이 창의적 사고의 대표격으로 여겨지는 '가우스 연산법'이다.

가우스는 1~100의 숫자 중 합해서 101이 되는 쌍이 50개라는 핵심 원리를 파악하고 문제해결 과정을 곱셈으로 자동화한 것이다. 이 과정이 정확히 컴퓨팅 사고와 일치한다. 18세기 당시에 컴퓨터는 없었으나 이미 이러한 사고는 존재한 것이다.

컴퓨팅 사고의 5가지 요소

주어진 상황에 대하여 핵심원리를 찾아내 순서도를 만들어가는 컴퓨팅 사고의 흐름은 다음의 5가지 단계를 거치는 것이 바람직하다.

(1) **데이터 수집 및 분석:** 주어진 문제와 연관된 다양한 정보를 수집하고 그 안에서 패턴을 파악하여 핵심적인 내용을 이해한다. 이때 통계적 사고가 큰 역할을 한다.

(2) **문제의 분해:** 주어진 문제의 상황을 다양한 관점에서 분해하여 생각한다.

(3) **추상화:** 복잡한 아이디어를 단순하게 표현하는 방식을 찾는다. 이때 통계적 패턴을 찾는 것이 바람직하다.

(4) **알고리즘:** 어떤 일을 수행하기 위한 규칙·방법·절차 등을 설계한다.

(5) **자동화:** 반복적인 일처리는 컴퓨터를 활용해 빠르게 해결한다.

통계적 사고는 컴퓨팅 사고의 근간을 이루며 상호 보완적인 관계다. 또한 컴퓨팅 사고는 21세기 디지털 시대에 모든 국민에게 필요한 소양이라고도 할 수 있다.

컴퓨팅 사고의 적용 사례

컴퓨팅 사고를 통하여 문제를 해결한 국내의 대표적인 사례로는 '서울버스' 앱을 개발한 유주완 씨의 사례를 들 수 있다. 스마트폰이 널리 보급되지 않았던 2009년에 '서울 버스' 앱을 개발한 유 씨는 당시 고등학생이었다.

유 씨는 자신이 생활 속에서 느끼는 불편함을 인식하고 이를 해결하기 위한 방법을 강구하기 시작하였다. 그는 버스 도착 및 위치 등에 관한 자료 수집과 분석을 실시하였다.

자료 분석을 통하여 얻은 다양한 정보를 바탕으로 시민의 입장에서 문제 해결을 위한 분해를 실시하였다. 다양한 정보를 분류하고 정리하여 단순하게 표현할 수 있는 추상화 작업을 실시하고 최적화된 알고리즘을 개발하고 자동화하여, 이를 앱의 형태로 만들어 배포한 것이다. 컴퓨팅 사고의 5가지 요소를 모두 보여주는 좋은 사례이다. 이는 한 사람의 컴퓨팅 사고와 소프트웨어 개발이 많은 사람들의 삶에 긍정적인 영향을 미친 좋은 사례라고 할 수 있다.

기업 생존을 위한 글로벌 품질경영과 사회적 책임

글로벌 품질경영

21세기에는 2등은 별 의미가 없다. 오직 1등만이 살아남을 수 있다. 1등 제품을 만들기 위해서는 신제품 개발을 통한 가치 창조(value creation)에 기업의 힘을 집중하여야 한다. 전 세계의 사업장을 IT 기술로 무장하여 신속·정확하게 소통하는 능력을 가져야 하고, 데이터 기술에 기반한 빅데이터 분석을 통해 필요한 정보를 얻고 활용하는 순발력이 있어야 한다. 또한 사업장에 위치한 지역에 대해 사회적 책임을 다하는 글로벌 품질경영 운동을 펼쳐야 한다.

글로벌 품질경영을 제대로 운영하려면 이를 소화할 수 있는 유용한 인력이 필요하다. 이들은 활동 분야의 전문지식을 가지고 있어야 하고 추가적으로 외국어 소통능력, 데이터 기술 활용능력, 스마트 사업장 운영에 필요한 IT 지식도 있어야 한다. 이런 지식은 대학에서 배울 수 있는 것이 아니므로 기업에서 교육으로 보완해 주거나 본인 스스로 지식 습득을 위하여 노력하여야 한다.

삼성전자의 품질경영

삼성그룹의 대표 기업인 삼성전자는 2014년 기준 연간 매출액 200조 원, 영업순이익이 24조 원이 넘는 시가총액 세계 9위의 글로벌 기업이다. 이 회사의 특징은 연구개발 인력이 전 종업원의 40% 이상으로 연구개발에 집중하고 있다는 점과 품질경영에서 타의 모범을 보이고 있다는 점이다.

삼성그룹의 이건희 회장은 1993년 프랑크푸르트 선언을 통하여 '양 경영'에서 '질 경영'으로 전환하겠다는 방침을 밝혔다. 1995년에는 〈그림 7.8〉과 같이 불량 휴대폰 15만 대를 모아서 모두 불태워 버리는 결연한 의지를 표명하기도 하였다.

삼성전자는 1990년대 전사적품질경영(TQM)과 프로세스 혁신(PI)을 중심으로 고객만족성영을 추진하여 품질경영 체제를 확고히 하였다.

삼성의 '질 경영'을 대표적으로 보여주는 제도는 '라인스톱제(line stop

그림 7.8 불량 휴대폰 화형식 장면

policy)'이다. 이는 품질수준을 미리 정해 놓고 생산 과정에서 품질수준에 미달하는 제품의 생산 정보가 탐색되면 즉시 생산라인을 정지시키는 제도 이다. 이 제도는 생산량보다 제품의 품질을 우선시하는 방침이 반영된 것 이라고 볼 수 있다.

삼성은 2000년대 들어서면서 식스 시그마를 근간으로 하는 통계적 품 질경영을 광범위하게 도입하였다.

식스 시그마 수준의 제품을 생산하기 위하여 모든 프로세스의 경영품질 (MQ: Management Quality)을 올리는 노력을 경주하였다. 이러한 삼성의 품질경영은 오늘날 삼성 제품의 품질이 우수하다는 명성을 들을 수 있는 근원이다.

2010년대에 접어들면서 삼성은 IT와 가치 창조를 근간으로 하는 글로벌 품질경영(GQM: Global Quality Management)을 추진하고 있다. GQM을 통하여 신제품 개발, 고객만족, 기업의 사회적 책임 등에 집중하고 있다.

현대자동차의 품질경영

현대자동차 주식회사는 1967년에 설립되었다. 초기에는 포드자동차의 도움을 받아 '코티나'를 조립·생산하여 시판하였다. 1976년에는 최초의 한국형 승용차 '포니'를 개발하여 시판하기 시작하였고, 1986년에는 처음으로 미국에 '엑셀'을 수출하면서 수출기업으로 발돋움하였다. 기아자동차가 편입된 후 현대기아차는 연간 800만 대 이상을 수출하며 세계 5위의 자동차 회사로 발전하였다.

현대자동차는 경영철학의 중심에 '무한책임정신'을 두고 있다. 핵심가치로는 '고객 최우선', '도전적 실행', '소통과 협력', '인재존중', '글로벌 지향'을 내세우고 있다. 여기서 가장 중요하게 여기는 가치는 '고객 최우선'으로 "최고의 품질과 최상의 서비스를 제공함으로써 모든 가치의 중심에 고객을 최우선으로 두는 고객감동의 기업문화를 조성한다"라고 표명하고 있다.

현대자동차의 품질경영은 널리 알려져 있다. 정몽구 회장의 리더십 자체를 품질리더십이라고 할 정도로 품질 최우선 경영에 매진하고 있으며 객관적 데이터에 근거한 품질관리를 중요시하고 있다. 현대자동차는 매달 품질, 연구개발, 생산 부문의 임원이 참여하는 품질 관련 회의를 열고 데이터에 근거한 품질지표를 점검하는 등 품질본부에 큰 힘을 실어주고 있다. 현대자동차가 있는 양재동 사옥 1층 로비에는 품질상황실, 품질회의실, 품질확보실이 있어 품질제일주의를 표방하고 있음을 보여주고 있다.

해외 수출의 무한경쟁 속에서 현대자동차의 고객 최우선 정책을 볼 수 있는 제도가 있다. 1999년 미국에서 현대차를 구입하는 소비자들에게 차의 엔진과 주요 동력전달 부품에 심각한 문제가 생겼을 때 최대 10년, 10만 마일까지 무상 수리나 교환을 해준다고 선언한 '10년 보증제'이다. 5년, 5만 마일까지 보장해주던 다른 회사에 비하면 파격적인 혜택이었다. 보증기간을 경쟁사의 2배로 한 품질경영은 큰 반향을 일으켰으며 멋지게 성공하였다. 이러한 선언은 품질데이터 분석 결과, 할 수 있다는 확신을 얻었기 때문에 가능했다. 현대자동차의 고객을 향한 '무한책임정신'을 읽을 수 있는 대목이다.

현대자동차는 부품 공급업체들이 최상 품질의 부품을 납품하도록 유도하는 공급사슬품질경영(SCQM: Supply Chain Quality Management)을 운영하면서 전 부품의 식스 시그마 품질수준을 목표로 하고 있다. 이를 달성하기 위하여 5스타 평가제도(품질을 평가하여 최상의 기업에게 5스타, 다음 단계는 4스타 등을 줌), SQ-MARK 인증 제도[공급품질(SQ: Supply Quality)을 점수화하여 관리]를 운영하고 있다. 이런 제도의 운영은 철저한 품질데이터 관리가 바탕이 된다.

사회적 책임이란

1984년 12월 인도 보팔시에 있는 유니언카바이드의 공장에서 안전수칙 준수 소홀로 유독가스 누출사고가 발생했다. 이 사고로 인해 2천8백여 명이 사망하고 회사는 30억 달러 이상의 비용을 부담해야만 했다. 법적 투쟁으로 버텨 보았지만 기업의 이미지만 타격을 입고 결국 2001년 다우케미컬에 합병됐다. 이 사례는 사회적 책임을 다하지 못한 기업이 어떤 결과에 직면할 수 있는지 보여준다. 유니언카바이드가 사회적 책임을 절감하고 적절한 조치를 취했더라면 아직도 생존하는 우수 기업으로 남아 있지 않았을까 하는 아쉬움이 남는다.

2011년 일본 후쿠시마 지역의 대지진으로 인해 원전사고가 발생해 인근 주민과 국민들이 엄청난 고통을 겪었다. 원인은 자연재해였으나 사후 관리 조직인 도쿄전력과 일본 정부가 제대로 대응을 못해 사회적 책임을 다하지 못했다는 지적을 받았다.

2010년 11월 국제표준화기구는 사회적 책임(SR: Social Responsibility)을 규정하는 국제표준으로 ISO 26000을 발표했다. 이 표준에는 조직이 사회적 책임을 다하기 위해 다루어야 할 7대 핵심주제(지배구조, 인권, 노동관행, 환경, 공정운영 관행, 소비자 쟁점, 공동체 참여와 발전)와 36개 쟁점이 제시되었다. 특히 건강 및 안전, 가치의 흐름과 관련된 개념을 핵심주제에서 다루도록 요구하고 있다.

ISO 26000은 법적 규제는 아니지만 국제 상거래 표준으로 인정되고 있으며 지속가능한 성장을 도모하기 위한 필수적인 기준이 되었다. 사회적 책임은 모든 조직이 이해관계자들에 대한 경제적 책임이나 법적 책임을 지는 것에 그치지 않고, 보다 폭넓은 책임을 적극적으로 수행해야 한다는 의미를 가진다.

조직의 경영방침이 윤리적인지, 제품 생산이나 서비스 과정에서 환경 피괴나 인권 유린의 소지는 없는지, 지역사회와 국가에 얼마나 공헌하고 있는지 등을 포괄한다. 사회적 책임과 관련된 국제표준의 준비는 1999년

유엔환경계획(UNEP)이 출범시킨 '글로벌 보고 이니셔티브(GRI: Global Reporting Initiative)'란 조직에서 시작됐다. GRI는 조직이 스스로 환경적 건전성, 사회적 책임성, 윤리성 등에 대한 실천 성과를 투명하게 정리해 '지속가능성 보고서'를 발표하도록 종용했다. 기업의 지속가능경영이란 기업이 지구의 자원을 낭비하지 않도록 최소의 자원으로 좋은 품질의 제품·서비스를 제공해 고객의 삶의 질을 높이는 경영이다. 기업과 사회가 지속가능한 발전을 이루도록 기업이 사회적 책임을 다하는 경영 전략을 말하는 것이다. 이를 위해 ISO 26000 국제표준이 좋은 가이드라인을 제공해 주고 있다.

기업 생존을 위한 품질경영 전략의 방향

기업 생존을 위한 품질경영 전략의 가이드라인으로 다음의 4가지를 제시할 수 있다.

(1) 데이터 기술에 바탕을 두고 있는 데이터 품질경영

지금은 데이터 홍수시대다. 데이터 기술과 빅데이터를 활용하여 유용한 정보를 순발력 있게 얻고 이를 적재적소에 사용하는 품질경영이 향후에 필요로 하게 될 것이다. 식스 시그마 품질경영도 근본적으로는 데이터 품질경영이라고 볼 수 있다.

IT의 발달과 더불어 품질 검사를 위한 샘플링 방식도 전수검사로 전환하는 사례가 늘고 있다. 이러한 검사 기술에 대한 품질경영도 준비하여야 할 것이다.

(2) IT·빅데이터·사물인터넷을 근간으로 하는 스마트 공장 운영

정부에서 추진하고 있는 '제조업 혁신 3.0'은 바람직한 방향이며 여기에는 스마트 공장이 핵심을 이루고 있다.

IT·빅데이터·사물인터넷 기술을 적극적으로 활용하여 불량을 줄이고 생산성을 높이는 스마트 공장이 앞으로 대세가 될 것이고, 품질경영의 새로운 방향이 될 것이다.

(3) 글로벌화와 사회적 책임에 근거한 품질경영

최근에는 품질경영도 글로벌화되어 국내외 사무소가 IT로 소통할 수 있고 지역사회를 위한 사회적 책임을 다하는 기업이 성공할 수 있다. 따라서 글로벌 기업들은 지역사회의 특색에 맞는 글로벌 품질경영을 모색하여야 할 것이다.

(4) 고객가치와 제품가치를 추구하는 가치품질경영

고객이 추구하는 가치를 파악하여 신제품 개발에서 고객가치를 제품가치로 변화시키는 경영을 추구하며, 고객가치와 제품가치를 최상위에 두는 가치품질경영이 미래의 품질경영이 될 것이다.

이를 실천하기 위해서는 TQM이나 식스 시그마에서 다루는 품질분임조 활동, 프로젝트 활동, 제안 활동 등을 가동하는 것이 바람직하다. 신제품 개발을 위해서는 우수한 연구개발 인력의 양성과 운영도 필수적이라고 하겠다.

창의적 제품 혁신을 위한 디자인 사고

디자인 사고의 유래

디자인 사고(DT: Design Thinking)란 주어진 문제에 대하여 인간의 잠재적 욕구를 공감하고 문제의 현상을 정확히 정의한 후에, 창의적 아이디어로부터 다양한 솔루션이나 시제품(prototype)을 만드는 혁신 프로세스이다. 사람들이 겪는 불편함을 인간 중심 관점에서 새로이 찾아내 해결하기 때문에 창의적 문제해결 방법론, 혹은 창의적 신제품·서비스 개발 사고 방식(way of thinking)이라고 말할 수 있다.

디자인 사고의 발전과정을 간단히 살펴보면 다음과 같다. 1973년에 로버트 맥킴(Robert McKim)은 「Experiences in Visual Thinking(시각적 사고의 경험)」이란 책에서 디자인의 공학적 사고방식을 설명하였다. 이를 바탕으로 1987년에 피터 로우(Peter Rowe)가 건축가와 도시 설계사를 위한 「Design Thinking(디자인 사고)」이란 책을 발간함으로써 디자인 사고가 널리 알려지게 되었다.

그 후 디자인 사고는 데이빗 켈리(David Kelly) 회장이 이끄는 미국의 디자인 전문회사인 IDEO에서 광범위하게 사용되었다. 켈리의 혁신적 활동에 매료된 독일의 세계적인 기업 SAP의 창업자 하소 플래트너(Hasso Plattner) 회장은 350만 달러를 스탠퍼드대학교에 기부하여 스탠퍼드 디스쿨(Standford D.School)을 세웠고 이 대학을 중심으로 디자인 사고가 전 세계적으로 확산되고 있다.

디자인 사고의 혁신 프로세스 5단계

디자인 사고에서 사용되는 혁신 프로세스는 다음과 같이 5단계를 거친다. 이 단계들의 앞자를 따서 디자인 사고의 EDIPT 사이클이라고 부른다.

(1) Empathize (문제를 다같이 공감한다)

(2) Define (문제의 현상을 정의한다)

(3) Ideate (상상하여 관념화하고, 아이디어를 만든다)

(4) Prototype (시제품을 만들어 본다)

(5) Test (실용적인지 시험해 본다)

디자인 사고를 하기 위해서는 일반적으로 문제를 풀려고 하는 팀(대개 5~10명 정도)이 구성되고 이 팀에서 주어진 문제에 대하여 다 같이 공감하는 첫 단계를 거친다. 다음으로 그 문제의 현상을 정확히 정의하고 문제를 풀기 위한 각종 아이디어를 자유분방하게 토론하고 제출하여 좋은 아이디어를 채택한다.

다음으로 이 아이디어에 근거해 문제를 풀기 위한 시제품이나 솔루션을 만든다. 그리고 만든 시제품이 실제로 실용적인지 시험하는 단계를 거친다. 이 디자인 사고 5단계는 앞에서 설명한 식스 시그마의 5단계 DMAIC나 DMADV와 유사한 점이 있다.

여기서 핵심은 문제를 정확히 정의하고 이를 풀기 위한 창의적 아이디어를 채택하는 것이다. 그린 다음 이 아이디어로 해결 방법을 찾아 실행하는 과정을 거친다.

디자인 사고의 적용 사례

〈그림 7.9〉는 디자인 사고의 한 사례로 유라시아 이니셔티브(Eurasia Initiative)에 관해 설명하고 있다. 유라시아는 유럽과 아시아를 함께 일컫는 말로 이니셔티브는 박근혜 대통령이 2013년 10월에 서울에서 열린 유라시아 국제회의 기조연설에서 '하나의 대륙, 창조의 대륙, 평화의 대륙'을 만들자고 제안한 것이다. 부산, 북한, 러시아, 중국, 중앙아시아, 유럽을 관통하는 'Silk Road Express'를 실현하여 물류·교통·전력·가스·송유관

DT의 국가전략사례 : 유라시아 이니셔티브(EDIPT)

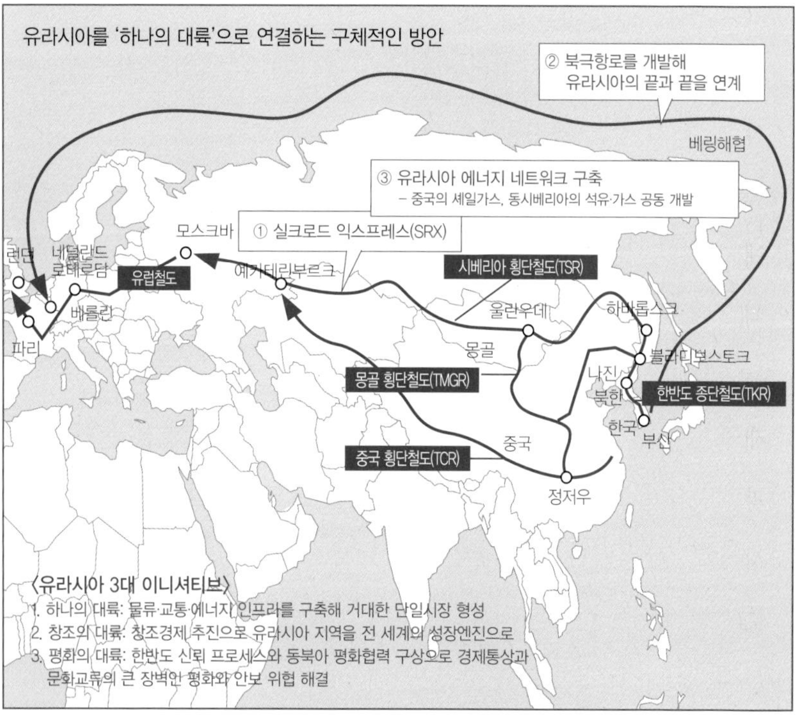

그림 7.9 유라시아 이니셔티브 구상

등 에너지 글로벌 네트워크를 구축하자는 구상이다. 이 사례는 디자인 사고를 따르는 제안이라고 볼 수 있다.

첫 번째로 공감하기 단계에서는 한국, 중국, 중앙아시아가 러시아를 포함한 유럽과 가까워질 필요가 있으며, 각종 에너지(석유, 가스, 전력 등)를 값싸게 운반하고 사용할 필요성이 있음을 공감하고 그 솔루션을 찾는 데 동의하는 것을 말한다.

두 번째 정의하기 단계에서는 어떻게 아시아와 유럽이 가까워질 수 있을까에 대한 현황 파악을 하는 단계이다. 이는 기존에 어떤 철도와 항로가 있는가를 파악하고, 확장할 수 있는지 검토하는 것이다.

세 번째 아이디어 만들기 단계에서는 한국에서 시작하여 중국, 몽골, 중앙아시아, 러시아를 거쳐 유럽으로 가는 철도를 연결해 본다. 또한 부산에서 출발하여 베링해협을 거쳐 러시아를 돌아 유럽으로 가는 항로가 가능한가에 대한 아이디어도 내본다.

네 번째 솔루션 제안 단계에서는 〈그림 7.9〉와 같이 구상한 것을 표현하는 것이다. 마지막 단계는 이를 시험해 보는 단계이다. 하지만 철도가 현재 북한을 통과하는 것이 불가능하므로 현재로는 실행해 볼 수 없다. 북한과 합의가 된다면 부산을 출발한 기차가 나진을 지나(한반도 종단철도) 러시아의 블라디보스토크를 경유하여 하바롭스크를 지나 모스크바로 가는 철도(시베리아 횡단철도)와 몽골의 울란우데를 지나는 철도(몽골 횡단철도), 중국의 정저우를 지나는 철도(중국 횡단철도) 등을 실현시킬 수 있을 것이다.

또한 부산항을 출발한 배가 베링해협을 지나 네덜란드 로테르담으로 가는 북극항로도 설계할 수 있을 것이다.

유라시아 이니셔티브가 실현되면 물류·교통·에너지 인프라가 구축되어 아시아와 유럽이 거대한 단일 시장을 이룰 것이다. 그러면 유라시아 지역은 전 세계의 성장엔진으로 창조의 대륙이 될 것이고 동북아의 평화 협력이 실현되는 평화의 대륙이 될 것이다. 이 구상이 실현되면 러시아의 가스를 30% 이상 싸게 구매할 수 있으며 북한에 전력망과 가스관이 설치되어 만성적인 북한의 에너지 부족 현상을 해소할 수 있을 것으로 전망된다. 이렇게 되면 남북한 통일의 인프라가 조성될 것이다. 유라시아 이니셔티브에 대한 구상이 실제로 실현될 날을 고대한다.

김수연(2015), "IT 선진국, 코딩 교육에 주목하라", http://blog.lgcns. com, 1월 20일.

김종립(2012), "상부상조를 위한 수학, 보험", 수학동아, 7월호.

김태원(2015), "스마트 헬스케어 국내서 성장하려면", 정보통신정책연구원, 〈ICT 인문사회 융합 동향〉 2호.

박성현(2015), "과학기술혁명이 한국을 키웠다", 미래한국, 7월 14일.

박성현(2015), "제조업 First Mover 전략 추구해야", 미래한국, 12월 31일.

박성현(2015), "2025년 한국 공상과학영화가 현실이 된다", 미래한국, 6월 18일.

박종서(2012), "매출정보 활용한 '빅데이터' 분석의 힘", 한국경제, 12월 2일.

신상구(2011), "신약의 임상개발 과정과 국내 여건의 변화", 한국보건산업진흥원, 11월 3일.

오상우(2015), "건강보험 빅데이터의 의료계 활용", 의료정책포럼, 1월 30일.

유수하(2015), "새로운 게임 영역의 확장! 가상현실(VR)이 궁금하다", 헝그리앱, 3월 19일.

이다솜(2015), "보건산업동향, 웰니스와 웰니스 IT", 한국보건산업진흥원, 11월 24일.

정용섭(2016), "알파고 개발 역사와 풀어야 될 알고리즘", 울산매일, 4월 1일.